Der Schaufelradbagger

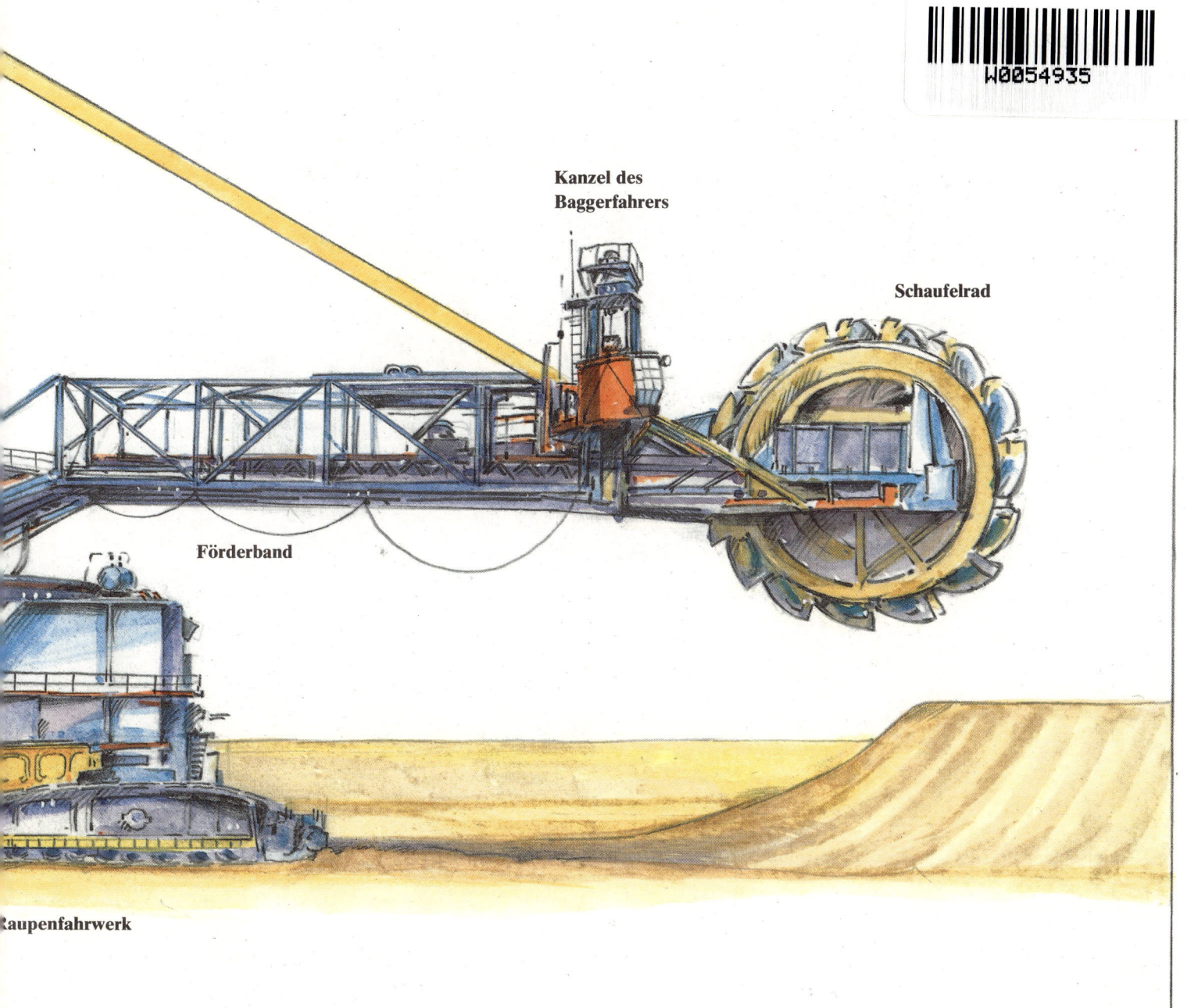

Kanzel des Baggerfahrers

Schaufelrad

Förderband

Raupenfahrwerk

W0054935

WOLFGANG F. SALZBURG

Der Braunkohlentagebau

Illustrationen von Detlev Schüler

Der Kinderbuchverlag Berlin

2

Begegnung mit einem Riesen

Eintöniges Motorengeräusch begleitet den Autobus auf seinem Weg über die wenig befahrene Landstraße. Nur gelegentlich erfüllen die Geräusche entgegenkommender Fahrzeuge den Fahrgastraum, unterbrechen den einfarbigen Klang des Motors. Einige Fahrgäste dösen vor sich hin, andere schauen auf die im Vormittagslicht liegende Landschaft hinaus.

Der Busfahrer, der konzentriert die Straße beobachtet, entdeckt plötzlich etwas, das zunehmend seine Aufmerksamkeit erregt: Am Horizont ist ein großes Eisengestell aufgetaucht.

Was kann das sein? Er kennt die Straße gut, befährt sie täglich, aber ein solches Gerät hat er hier noch nie gesehen. Nun werden auch einige Fahrgäste aufmerksam.

Verkehrszeichen tauchen auf, fordern Geschwindigkeitsbegrenzung. Der Schatten am Horizont hat sich zu einem Gebilde gefügt, das den Platz auf und neben der Straße, aber auch viele Meter über ihr ausfüllt. Motorengeräusche mischen sich mit Kreischen, Klappern und Klirren, als würden große Metallstücke gegeneinander bewegt.

»Halt! Polizei!« kann man auf einer Tafel am Straßenrand lesen, die aufleuchtet. Ein Polizist tritt an die Fahrerseite des nun haltenden Busses.

»Guten Tag!« sagt er zum Fahrer. »Sie müssen ein wenig Geduld aufbringen. Hier wird nämlich …«

»Ein Bagger!« ruft ein Junge, der als erster bemerkt hat, was da draußen eigentlich vor sich geht.

Nun sehen es alle: Ein Koloß aus Stahl, ein Abraumbagger aus einem Braunkohlentagebau, bewegt sich langsam auf die Straße zu, auf der der Bus seine Fahrt stoppen mußte.

Riesige Raupenfahrwerke tragen ihn vorwärts. Nicht alle Tage bekommt man so einen Riesen zu Gesicht. Hoch wie ein zehngeschossiges Haus ist er. Daneben sieht ein Bagger, den man auf Baustellen sehen kann, wie Spielzeug aus.

Wie kommt er hier auf die Landstraße?

Warum hat er so eine für ihn doch recht beschwerliche Reise angetreten?

Der Bagger ist auf dem Weg zur Grube Ferdinande, einem Tagebau, der ganz in der Nähe aufgeschlossen wurde. In einem anderen Tagebau hatte er sich schon viele Jahre in das Erdreich gegraben. Auch in dem neuen wird er die Braunkohle freilegen, die dringend benötigt wird: als Rohstoff für die chemische Industrie, als Brennstoff für Kraftwerke, aber auch als Heizmaterial, damit es warm wird in den Stuben, wenn der Frost Blumen an die Fensterscheiben malt.

Doch bevor die Kohle in der Industrie, in den Kraftwerken und auch in den

Heizanlagen der Wohnhäuser gelangt, sind viele Arbeitsgänge notwendig. Dabei haben Bagger wie dieser hier eine wichtige Aufgabe, und es ist notwendig, daß er recht bald sein Ziel, den neuen Tagebau, erreicht. Um den Weg dorthin fortsetzen zu können, muß eben an dieser Stelle der Bus stoppen, damit der Bagger die Straße überqueren kann. Meter für Meter bewegt sich der stählerne Riese behutsam vorwärts, als würde er jeden Quadratmeter Untergrund vorher auf Tragfähigkeit prüfen.

Endlich hat er die Straße hinter sich gelassen und setzt seinen Weg über den angrenzenden Stoppelacker fort.

Der Polizist gibt ein Zeichen.

Die Straße ist wieder frei.

Der Bus und die anderen Fahrzeuge, die sich hinter ihm angesammelt haben, setzen sich in Bewegung und entfernen sich rasch.

So schnell ist der Bagger nicht, und es werden wohl noch zwei bis drei Tage vergehen, ehe er die Grube Ferdinande erreicht und seinen neuen Arbeitsplatz neben den vielen anderen Tagebaugeräten eingenommen hat.

So lange werden die Bergleute noch ohne ihn auskommen müssen, wenn sie sich der Braunkohle entgegengraben, denn die Braunkohle liegt dreißig, fünfzig und manchmal bis zu zweihundert Meter tief in der Erde.

Wie sie dorthin gelangt ist? Das ist eine lange Geschichte, und wenn man sie erzählt, klingt sie fast wie ein Märchen.

Und doch ist jedes Wort dieser Geschichte wahr.

Der versunkene Wald

Vor rund fünfundsechzig Millionen Jahren, das ist eine Zeitspanne, die man sich nur schwer vorstellen kann, bedeckten riesige Wälder unseren Erdball. Laub- und Nadelbäume gewaltigen Ausmaßes, Sträucher und niedere Pflanzen in erstaunlicher Vielfalt wuchsen üppig. Säugetiere und Vögel fanden Nahrung im Dickicht des Waldes. Die Luft war erfüllt vom Zirpen und Summen Tausender Arten von Insekten. In den ausgedehnten Waldmooren hatten Knorpelfische und Echsen ihren Lebensraum.

So ungefähr könnte man die Tier- und Pflanzenwelt des Braunkohlenwaldes beschreiben, den kein menschliches Auge je erblickte; denn Menschen gab es zu jener Zeit noch nicht. Und doch weiß man heute sehr viel über das Leben auf der Erde vor vielen, vielen Millionen Jahren, weil sich Zeugen dieser erdgeschichtlichen Vergangenheit bis in unsere Gegenwart erhalten haben.

Die Braunkohle ist solch ein Zeitzeuge, der uns viel berichten kann. Doch wer denkt schon daran, wenn er die Kohle auf Güterwagen, Lastautos oder als Briketts im Keller liegen sieht, daß Kohle eigentlich nichts anderes ist als verwandelte riesige Bäume und Sträucher des tropischen Urwaldes des Tertiärs. So nennt man die erdgeschichtliche Epoche, die vor ungefähr fünfundsechzig Millionen Jahren begann und sechzig Millionen Jahre andauerte. Und es mußten weitere Hunderttausende von Jahren vergehen, bis der Mensch die Kohle entdeckte und sich nutzbar machte.

Wie kann denn aus Wald Kohle werden?

Es ist wirklich nicht einfach, sich das vorzustellen. Millionen und aber Millionen Jahre fielen Laub, Nadeln, Äste und Zweige zu Boden. Bäume und Sträucher stürzten um, wurden von Laub und Wasser der Waldmoore, die damals sehr verbreitet waren, bedeckt. Das Wasser verhinderte die Zersetzung der Pflanzenreste, die gewissermaßen vom Sauerstoff der Luft abgeschlossen wurden.

Nicht überall, jedoch dort, wo in der Erde lagernde Salzschichten ausgelaugt wurden oder neue Gebirge sich aufwölbten, sanken die Moore mit ihren ungeheuren Ansammlungen von Pflanzenresten tiefer und tiefer. Mächtige Ton- und Sandschichten lagerten sich über sie. Während des sich an das Tertiär anschließenden Eiszeitalters bedeckten bis zu dreitausend Meter hohe Gletscher große Gebiete des Festlandes der nördlichen Erdhalbkugel. Ein Wechsel von Warm- und Kaltzeiten führte zum Abschmelzen und wieder zur Neubildung der Eisdecke. Mit den Gletschern, die sich aus dem Norden Europas heranschoben, wie auch mit den Schmelzwassern wurden Geröllmassen mitgeführt, deren Ausmaß man sich kaum vorstellen kann. Das alles drückte mit ungeheurer Kraft auf die pflanzlichen Überreste des Tertiärwaldes.

Nun darf man sich diese Vorgänge des Eiszeitalters, die sich mehrfach vollzogen, nicht vorstellen wie die Schneeschmelze im Frühjahr. Hunderttausende von Jahren jeweils dauerte dieses Naturereignis, das man heute mit wenigen Sätzen beschreiben kann.

Die Wärme aus dem Erdinnern, der Luftabschluß und vor allem der Druck der Eis- und Gesteinsschichten ließen den versunkenen Wald zu dem werden, als was wir ihn heute vorfinden – zu Braunkohle.

Wieso wissen wir so genau über diese Zeit Bescheid, wenn es damals noch keine Menschen gab, die es hätten weitererzählen oder gar aufschreiben können?

Die Kohle selbst ist es, die darüber Auskunft gibt, wie es im Tertiär aussah. Da sie von den dreißig, fünfzig, ja sogar bis zu zweihundert Meter dicken, sie überlagernden Erdschichten luftdicht eingeschlossen war, hat sie uns noch vieles aus dieser Zeit bewahrt.

Tausende von Entdeckungen hat der Mensch gemacht, seit er begann, der Erde die Kohle zu entreißen. Manchmal waren es Samen, Blüten und Blätter

Funde im Flöz geben Auskunft über die Lebewelt des Braunkohlenwaldes. Die Abbildung zeigt das Skelett eines Frosches aus dieser Zeit.

5

Von der alten Steinkohle

Neben der Braunkohle, von der in diesem Buch die Rede ist, gibt es noch Steinkohle. Steinkohle ist eine sehr harte, feste und schwarze Kohle. Sie besitzt einen höheren Kohlenstoffgehalt und Heizwert als Braunkohle. Steinkohle mit dem höchsten Heizwert ist der Anthrazit. Auch Steinkohle ist pflanzlichen Ursprungs, sie bildete sich aus Farnen, Schachtelhalmen und Bärlappgewächsen, die in riesigen Formen im Karbon auf der Erde wuchsen, unter ähnlichen äußeren Bedingungen wie die Braunkohle. Das Karbon ist ein Erdzeitalter, das vor rund 350 Millionen Jahren begann und 100 Millionen Jahre andauerte, man nennt es auch die Steinkohlenzeit. Die meiste Steinkohle ist also viel älter als die Braunkohle.

Steinkohlenlagerstätten sind über die ganze Erde verteilt. Europäische Lagerstätten befinden sich im Zwickau-Oelsnitzer Revier in der DDR, im Westen der BRD, in Belgien und in den Niederlanden, im Donezbecken der UdSSR, bei Katowice in Polen und Ostrava in der ČSSR. Außerhalb Europas liegen bedeutende Lagerstätten im asiatischen Teil der UdSSR, in China, in den USA, in Japan, Südafrika und Australien.

zu Abb. Seite 7
Stumpf eines Mammutbaumes im Flöz

der urzeitlichen Pflanzen, die sich in Form und ursprünglicher Farbgebung erhalten hatten, manchmal auch nur Abdrücke von ihnen im Kohlengestein. Dann wiederum fand man Teile oder vollständig erhaltene Skelette urzeitlicher Tiere in der gebrochenen Kohle oder auch nur Abdrücke von ihnen. In einem Tagebau mußte eines Tages beim Freilegen der Kohle plötzlich der Bagger angehalten werden. Irgend etwas setzte seiner Eimerkette heftigen Widerstand entgegen. Es stellte sich heraus, daß sich ein Eimer an einem riesigen Baumstumpf verhakt hatte. Die Bergleute staunten nicht schlecht, als dieser nicht der einzige blieb. Sie stießen auf noch einen Baumstumpf und noch einen. In wenigen Wochen hatten sie ein Stubbenfeld freigelegt, das aussah, als hätten Waldarbeiter gerade erst einen ganzen Schlag abgeholzt. Nur handelte es sich dabei nicht um Stümpfe von Kiefern, Fichten, Tannen oder Buchen, sondern um Reste von Mammutbäumen, Palmen, Magnolien und Maulbeerbäumen von solcher Größe, wie man sie heute auf der Erde nur noch ganz selten antrifft.

Funde solcher, über Jahrmillionen erhaltener Bäume des Tertiärs gehören gewiß zu den bestaunenswerten Seltenheiten der Naturgeschichte. In der Regel finden wir sie jedoch in Form jenes brennbaren Gesteins, in das sie sich verwandelt haben, und das die Bergleute als Kohle zu Tage fördern.

Die Wissenschaftler haben viele solcher Funde zusammengetragen, die uns heute ein nahezu genaues Bild über das Leben auf der Erde vermitteln, lange bevor es Menschen gab.

Als die Steine Feuer fingen

Es muß wohl an einem Spätherbsttag gewesen sein, als sich ein Hirtenjunge aufwärmen wollte. Der Abend senkte sich herab, und er hatte sich ein Feuer angezündet. Aus dem nahen Wald trug er Reisig zusammen, das es nähren sollte. Der heftige Abendwind aber trieb das Feuer immer wieder auseinander. So begann er Steine zu sammeln und baute sie zu einem Wall um die Feuerstelle auf. Als er so davorsaß und ein Reis nach dem anderen auflegte, bemerkte er, wie die Steine zu glühen anfingen. Und es dauerte nicht lange, da stand der Wall in Flammen. Der Junge staunte nicht schlecht.

Zu Hause angekommen, erzählte er dem Vater von seiner Entdeckung. Doch dieser wurde ungeduldig und schalt: »Das Vieh sollst du hüten und nicht immer solche Märchen ersinnen!« Der Junge beharrte aber auf seiner Entdeckung. Als er gar keine Ruhe geben wollte, versprach ihm der Vater, mit zu der Stelle zu gehen, wo es die Steine geben sollte, die Feuer fangen und Wärme geben, als wären es viele der derben Holzscheite, die man nachts aufs Feuer legte, um die Glut bis zum Morgen zu halten.

6

Woher kommt die Bezeichnung »Grube«?

Dieser Begriff hat sich in der Zeit herausgebildet, als der Bergbau noch ganz am Anfang seiner Entwicklung stand. Sind die Bergleute bei ihrer Suche nach Erz und Kohle fündig geworden, bezeichneten sie diesen Ort als »Fundgrube«. Heute versteht man unter Grube den bergmännisch erschlossenen Raum, aus dem die Bodenschätze gewonnen werden. Sie kann als Tagebau, also zum Tageslicht geöffnet, oder als Tiefbau, auch Untertagebau genannt, unter der Erdoberfläche betrieben werden.

Am nächsten Tag an der bewußten Stelle angelangt, suchte und fand der Junge die Steine, die sich in Farbe und Härte von den anderen unterschieden. Geschwind entfachte er ein Feuer mit Reisern und legte die sonderbaren Steine mitten hinein. Er mußte auch gar nicht lange warten, bis sie erst zu glühen begannen und bald darauf in hellen Flammen standen. Der Vater traute seinen Augen nicht und hielt dies, wie man es zu dieser Zeit oft tat, für Hexerei. Verängstigt schlug er mit einem Knüppel auf das Feuer ein, daß es nur so stiebte. Die Steine aber brannten munter weiter. –

Ja, so war das damals, als die Menschen entdeckten, daß ganz bestimmte Steine brennen konnten, Licht und Wärme spendeten. Und wenn es sich nicht genauso zugetragen hat, wie hier erzählt, dann ging es bestimmt sehr ähnlich zu.

Die Kohle als Gestein ist dem Menschen schon sehr lange bekannt. Bei Ausgrabungen entdeckte man kleine Figuren und Täfelchen mit Tiergestalten darauf, die als Schmuck dienten. Auf ein Alter von etwa zwanzigtausend Jahren schätzten die Wissenschaftler diese Funde, die aus Kohle geschnitzt waren.

Der älteste schriftliche Beleg über die Verwendung der Kohle als Brennmaterial ist über zweitausend Jahre alt und findet sich im Buch »Von den Steinen«, das der griechische Naturphilosoph Teophrast schrieb. Aber auch Marco Polo, der berühmte Reisende und Naturforscher, berichtete unter den vielen wundersamen Dingen, die er auf seiner Chinareise (1271 bis 1295) erlebt und gesehen hatte, über schwarze Steine, die in der ganzen Provinz Catai aus dem Berg gegraben würden, welche im Feuer wie Holz brennen und, einmal angezündet, lange Zeit weiterglühen.

Viel Zeit verging jedoch noch, bis im Kampf gegen Unwissenheit und Aberglaube die Kohle, eben dieses brennende Gestein, das Holz verdrängte.

Bereits im 12. Jahrhundert machte sich in den Gebieten mit einer sich entwickelnden Eisenindustrie eine Holzknappheit bemerkbar. Als Ersatz für das immer teurer werdende Holz wurde Kohle verfeuert. Die Lagerstätten, die dicht an die Erdoberfläche heranreichten, waren jedoch bald ausgebeutet. Immer beschwerlicher wurde es, dem Berg die Kohle zu entreißen. Tiefer und tiefer mußte man in die Erde eindringen, um den begehrten Schatz ans Tageslicht zu fördern.

Dazu wurden Schächte in die Erde gegraben, in die man mit Leitern hinabstieg oder sich an dicken Stricken abseilte. Vom Schacht aus wurden dort, wo man Kohle entdeckte, sogenannte Stollen vorgetrieben. Schwer und gefahrvoll war die Arbeit des Bergmannes, wenn er mit Schlägel und Eisen vor Ort das Flöz losbrach.

Oft gaben die Kohlegruben den Bergleuten viele Jahre Arbeit und Brot. Immer neue Lagerstätten wurden erschlossen und abgebaut.

8

Darstellung einer alten Kohlegrube

A Tagesschacht (Einstieg)
B Stollen (Querschlag)
C Stollen (Querschlag)
D Angesetzter Schacht unter Tage
E Stollen mit Ausgang über Tage

9

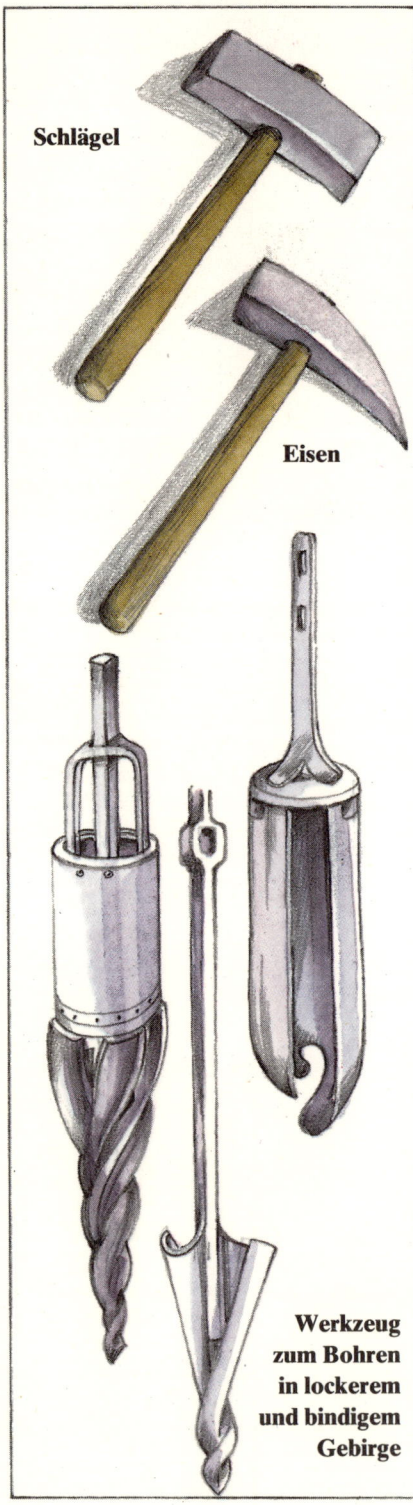

Schlägel

Eisen

Werkzeug zum Bohren in lockerem und bindigem Gebirge

Natürlich geschah es auch, daß man dort, wo man Kohle vermutete, keine fand. Die Arbeit von Monaten, und manchmal auch Jahren, war vertan.

Die Kohle wurde jedoch für die sich entwickelnde Industrie und den privaten Verbrauch immer begehrter. Man konnte es nicht mehr dem Zufall überlassen, durch Grabungen in das Erdinnere Kohle aufzuspüren. Es galt deshalb, immer mehr über das Gebirge zu erfahren, das den Schatz Kohle barg. Und vor allem wollte man genau wissen, wo und in welcher Menge Kohle lagerte. Nicht jede Lagerstätte hatte auch eine Größe, die es lohnte, den Aufwand für deren Erschließung zu betreiben.

Viele Überlegungen wurden notwendig, viele Fragen waren zu beantworten, viele Untersuchungen zu führen. Das konnte der Bergmann nicht mehr allein tun. Er mußte sich Verbündete suchen, die ihm halfen, seine Arbeit zu organisieren. Unter ihnen waren auch einige, die sich von Berufs wegen mit dem Aufbau, der Zusammensetzung und der Geschichte der Erdkruste beschäftigten. Sie wußten über die Kräfte Bescheid, unter deren Wirkung sich die Entwicklung der Erdkruste vollzogen hat und noch vollzieht. Solche Spezialisten sind die Geologen.

Schatzsucher von heute

Die Schatzsucher, von denen wir hier sprechen wollen, fahnden nicht nach Truhen, randvoll mit Gold und Silber, wertvollen Geschmeiden und mit Diamanten besetzten Trinkgefäßen, Halsbändern und Königskronen. Sie suchen zwar auch nach Schätzen, nur daß diese nicht von Piraten vergraben wurden oder in versunkenen Schiffen auf dem Meeresgrund ruhen. Die Schätze, die sie, die Geologen, aufspüren wollen, sind Bestandteile unserer Erdkruste, eingeschlossen in Sanden, Tonen und anderen Gesteinen. Im Sprachgebrauch nennen wir sie Bodenschätze. Natürlich handelt es sich dabei auch um Gold und Silber, aber auch um andere metallische Erze – und Kohle.

Kein Silberbecher, kein goldenes Geschmeide wäre ohne die Arbeit des Bergmannes denkbar. Denn er muß das Silber und das Gold aus der Tiefe der Erde fördern, bevor es unter den kunstfertigen Händen von Gold- und Silberschmieden zu Schmuck wird, der uns erfreut. Und ohne Kohle könnte kein Schmiedefeuer brennen.

Hart wie die Arbeit des Bergmannes war auch die des Geologen. Mit Picke, Schaufel, Hammer und Rucksack nur kärglich ausgerüstet, zogen die Geologen oft jahrelang durch dichte Wälder und unwegsame Gebirge. Sie sammelten Steine, nahmen Erdproben und verglichen sie mit denen, die sie anderen Ortes gefunden hatten. Sie fertigten Karten der bereisten Gegenden an, in denen sie die Fundorte der Steine und Proben eintrugen. Das waren erste Anhaltspunkte für eventuelle Lagerstätten von Bodenschätzen. Doch leider waren diese Angaben, wie man später oft feststellen mußte, sehr ungenau. Nicht immer wurden die Bodenschätze dort gefunden, wo man sie vermutete, oder sie waren nicht in ausreichendem Maße vorhanden, daß sich ihre wirtschaftliche Nutzung lohnte.

Bald genügte es nicht mehr, neben der Erdoberfläche auch Höhlen und Erdspalten nach Hinweisen auf Erz- und Kohlelagerstätten abzusuchen. Der Aufbau der Erdkruste mußte genauer erforscht werden, um daraus neue Erkenntnisse zu gewinnen.

Man ging daran, sich in das Erdreich hineinzubohren. Eine neue Epoche der geologischen Erkundung begann: *die Eroberung der Tiefe.*

Sehr genau konnte man nun, und nahezu an jedem beliebigen Ort, den Schichtenaufbau der Erdkruste bestimmen und mit anderen Forschungsergebnissen vergleichen.

Heute ist die Erkundung von Bodenschätzen und deren Lagerstätten ohne Bohrungen in das Erdinnere undenkbar. Die Techniken haben sich im Verlauf der Zeit gewandelt, doch gebohrt wird nach wie vor.

Das geht ungefähr so vor sich:

Ist man bei einer Bohrung auf einen Bodenschatz gestoßen, zum Beispiel Kohle, müssen weitere Auskünfte eingeholt werden.

Ein Feld wird abgesteckt. Mit Feld wird das gesamte Gebiet bezeichnet, unter dessen Oberfläche Kohle zu vermuten ist. Danach wird es in viele kleine Abschnitte unterteilt, in denen die Bohrungen niedergebracht werden.

Meter für Meter dringen die Bohrer in die Tiefe. Je nachdem, welche Anforderungen der Geologe für seine Untersuchungen an die Proben stellt, werden die Bohrungen im Trockenbohrverfahren oder Rotary-Verfahren (Spülbohrverfahren) niedergebracht.

Doch wie gelangt der Geologe zu den Proben?

Im Trockenbohrverfahren werden mit dem Schlangenbohrer die ersten Meter gebohrt. Wie der Name schon verrät, windet er sich wie eine Schlange in die Erde. Danach wird mit dem Stauchrohr weitergebohrt. Dieser Bohrer arbeitet nicht drehend, wie sein Vorgänger, der Schlangenbohrer, sondern schlagend. An einem Seil wird das Stauchrohr in das Bohrloch eingelassen, und zwar so, daß es hart auf der Bohrlochsohle aufsetzt, oder besser, staucht. Dabei wird das Erdreich in das Rohr gedrückt. Das wird so oft wiederholt, bis das Stauchrohr gefüllt ist.

Diese Füllung wird als Bohrkern bezeichnet.

Nun wird das Stauchrohr heraufgezogen und entleert: Der Bohrkern wird gezogen.

Schlägel und Eisen

Die Werkzeuge Schlägel und Eisen waren lange Zeit die einzigen, die den Bergmann und den Bergbau kennzeichneten. Die Bergleute hielten das Eisen in der linken Hand, setzten es mit seiner Spitze gegen das Flöz und schlugen mit dem Schlägel in der rechten Hand auf die stumpfe Seite des Eisens. So wurde Scholle für Scholle aus dem Flöz geschlagen. Legte der Bergmann seine Werkzeuge ab, so geschah das immer auf die gleiche Weise. Auf das zuerst abgelegte Eisen wurde über Kreuz der Schlägel gelegt. Sich kreuzende Schlägel und Eisen sind zum Symbol für den Bergbau geworden.

Erhalten hat sich auch der Gruß der Bergleute. »Glück auf!« rufen sie sich zu. Er weist auf die Gefahren des Bergmannberufes hin und soll soviel bedeuten wie: »Komm glücklich und unbeschadet wieder herauf aus dem Schacht, nach Hause zu deiner Frau und zu deinen Kindern.«

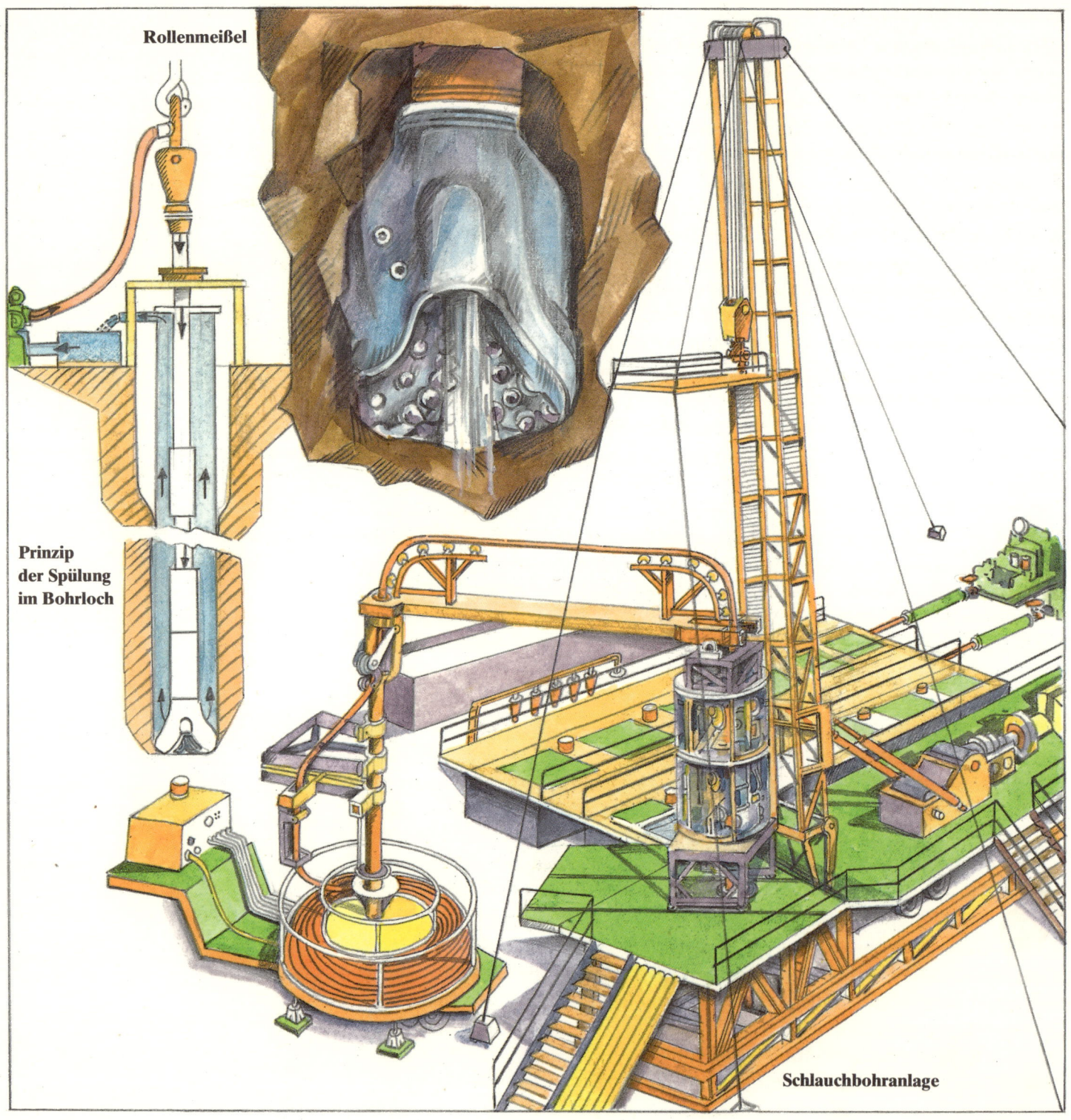

Rollenmeißel

Prinzip
der Spülung
im Bohrloch

Schlauchbohranlage

12

In der gleichen Lage, wie er im Stauchrohr saß, wird der Kern in eine Kernkiste gelegt. Oben und unten wird mit »Kopf« und »Krone« markiert. Am Ende einer Bohrung sind, je nachdem, wie tief gebohrt wurde, der Bergmann spricht von der »Teufe«, was nichts anderes als Tiefe bedeutet, einhundert bis zweihundert Bohrkerne, fein säuberlich in Kisten verpackt. Der Geologe kann nun genau den Schichtenaufbau des zu untersuchenden Feldes erkennen.

Die Abstände zwischen den Bohrlöchern betragen anfangs achthundert und mehr Meter. Lassen die Bohrproben, also die Kerne, erkennen, daß in diesem Feld ein abbauwürdiges Kohlevorkommen lagert, wird der Abstand zwischen den Bohrungen immer mehr verringert. Manchmal sogar bis unter fünfzig Meter.

Nur so kann der Geologe nach der Erkundung eines Feldes genaue Angaben machen über die Lage des Kohleflözes und die es einschließenden anderen Bestandteile wie Sande, Kiese und Tone, die in der Bau- und keramischen Industrie Verwendung finden. Die Bergleute interessiert dabei besonders die Mächtigkeit dieser Schichten und ihre Qualität, zuerst natürlich die der Kohle.

Unter der Mächtigkeit verstehen sie die Höhe der Erd- und Gesteinsschichten und der Kohle als technisch nutzbares Gestein.

Neben dem eben beschriebenen Trockenbohrverfahren wird das Spülbohrverfahren angewendet. Als Werkzeuge dienen hier Rollen- und Fischschwanzmeißel, die mit einem Bohrgestänge verbunden sind. Durch das hohle Bohrgestänge wird Spülwasser bis zum Grund des Bohrloches, der Bohrlochsohle, gedrückt. Zwischen Bohrlochwand und Gestänge steigt es wieder auf und fördert das Bohrgut mit. Bei diesem Verfahren kann ebenfalls ein Bohrkern, und hier drehend, gewonnen werden. Das geschieht mit dem Leistenkernrohr.

Das Spülbohren ist ein sehr wirtschaftliches Verfahren. Mit ihm lassen sich die Bohrungen in verhältnismäßig kurzer Zeit niederbringen. Beim Trockenbohrverfahren zum Beispiel muß das Bohrloch verrohrt werden. Das heißt, mit zunehmendem Bohrfortschritt werden Rohre in das Bohrloch eingelassen. Damit soll verhindert werden, daß die Wandungen abbröckeln und sich mit dem Bohrgut vermischen, oder gar – im schlimmsten Fall – das Bohrloch durch starke Seitendrücke oder Wassereinbrüche verschüttet wird. Beim Spülbohrverfahren dagegen sorgt die sich im Bohrloch befindliche Spülung für die Stabilität des Bohrloches.

Sind die Bohrungen niedergebracht, werden sie mit Meßsonden vermessen. Die Sonden geben und empfangen Impulse, und die ermittelten Werte werden in Form von Meßkurven aufgezeichnet.

Mit den Meßkurven und den Bohrkernuntersuchungen verfügt der Geologe

zu Abb. Seite 12
Die Abbildung zeigt zwei Arten des Niederbringens von Spülbohrungen.

13

zum Schluß über ausreichende Informationen, die den Schichtenaufbau des Feldes, das Kohlevorkommen selbst und die Grundwasserverhältnisse betreffen. Denn über das Wasser möchte der Bergmann ebenfalls sehr genau informiert sein. Das ist für den späteren Einsatz seiner Technik sehr wichtig. Wie man sich vorstellen kann, braucht zum Beispiel ein riesiger Bagger, viele tausend Tonnen schwer, einen sicheren Untergrund, auf dem er stehen, sich bewegen und arbeiten kann.

Über all das geben die Meßkurven und die entnommenen Proben in den sich anschließenden Laboruntersuchungen Auskunft.

Die Erkundung von Lagerstätten ist also eine sehr langwierige und aufwendige Arbeit, die von den Bohrtrupps und Geologen Können und hohes Wissen erfordert. Viele Arbeiten sind heute leichter geworden, besonders durch den Einsatz moderner technischer Hilfsmittel. Ein solches Hilfsmittel ist die Computertechnik. Sie hilft den Geologen bei speziellen und umfangreichen Auswertungen, die jetzt wesentlich schneller erledigt werden können.

Die aus den Bohrungen und Sondenmessungen gewonnenen Erkenntnisse und Daten werden in den Computer eingegeben und ausgewertet. Und am Ende liegt das Bild des Kohleflözes vor, das zeigt, wie das Flöz gestaltet ist und unter der Erdoberfläche liegt. Daraus kann nun schon die einzusetzende Technik und die Art des Abbaues bestimmt werden.

Auch die Raumfahrt ist in den letzten Jahren immer mehr zu einem Helfer des Bergmannes geworden und all derer, die damit beschäftigt sind, Bodenschätze zu finden.

Mit einer speziellen Technik, der Multispektralanalyse, ist es möglich geworden, Bodenschätze von einem Raumschiff aus, das fern von der Erde seine Bahn zieht, aufzuspüren. Mit eigens dafür entwickelten Kameras werden Aufnahmen gemacht, die auf der Erde von Wissenschaftlern ausgewertet werden.

Liegendes und Hangendes
Liegendes und Hangendes sind bergmännische Begriffe, die sich mit der Geschichte des Bergbaus verbinden, als er noch vornehmlich im Tiefbau, also unter der Erdoberfläche, betrieben wurde.
Mit Hangendem wird das Gebirge bezeichnet, das sich über einer Lagerstätte befindet. Im Gegensatz dazu wird das Gebirge unter der Lagerstätte das Liegende genannt.

»Wassermänner«

Zwischen zwanzig und dreißig Jahre dauert es, bis die Erkundungsarbeiten, vom ersten Hinweis auf eine Kohlelagerstätte an, abgeschlossen sind und ein neuer Tagebau den Betrieb aufnimmt.

Sind die Geologen mit ihrer Arbeit fertig, dann kann die Kohle noch lange nicht abgebaut werden. Sie haben zwar alles Wichtige über das neue Vorkommen zusammengetragen, aber es vergehen bestimmt noch mindestens zwei Jahre, bis ein Bagger zum ersten Schnitt ansetzt.

Vorher muß das Wasser weichen.

Es befindet sich überall in der Erde. Je nach vorhandenen Bodenschichten fließt es, für uns nicht sichtbar, unter der Erdoberfläche. Großen Respekt hat der Bergmann vor dem Wasser oder den »Wässern«, wie er auch sagt. Sie können seine Arbeit erschweren, großen Schaden anrichten, ja sogar sein Leben bedrohen.

Von den Erkundungsarbeiten her weiß er aber schon eine ganze Menge über die Wässer, lange bevor er sich in das Erdreich gräbt. Man unterscheidet zwischen gespannten und spannungsfreien Wässern. Die spannungsfreien Wässer bewegen sich ungehindert durch die Sande und Kiese sowie andere lockere Gesteinsschichten.

Anders ist es mit den gespannten Wässern. Sie sind in wasserundurchlässigen Gesteinsschichten eingeschlossen. Und wie die Bezeichnung »gespannte Wässer« verrät, sind sie in solche Schichten eingespannt und stehen unter Druck. Stößt man auf solche Wässer unvermutet, dann entspannen sie sich schlagartig, schießen wie eine Fontäne hervor und reißen alles mit sich fort.

So etwas darf in einem Tagebaubetrieb auf keinen Fall passieren. Wie leicht könnte einer von den riesigen Baggern in Schlamm und Morast versinken.

Deshalb verwenden die Bergleute viel Zeit und Sorgfalt für die Entwässerung des Kohlefeldes, in dem später einmal der Tagebau betrieben werden soll. Dabei geht es den Bergleuten nicht allein darum, die gespannten Wässer und die Gefahr ihres plötzlichen Entspannens zu beseitigen. Auch die spannungsfreien Wässer müssen dem künftigen Abbaufeld entzogen werden.

Entwässerte Bodenschichten sind viel fester als wasserhaltige und machen den Untergrund, auf dem die Tagebautechnik später eingesetzt wird, sicherer.

Dafür gibt es ein sehr einfaches, aber dennoch anschauliches Beispiel.

Jeder, der schon einmal an der See oder in einem Strandbad war, hat sich damit beschäftigt, eine Kleckerburg zu bauen. Kurz vor dem Wasser wird ein Loch gebuddelt. Den nassen Sand, den man dort herausholt, läßt man durch die Finger gleiten und immer auf ein und dieselbe Stelle tropfen. So entsteht

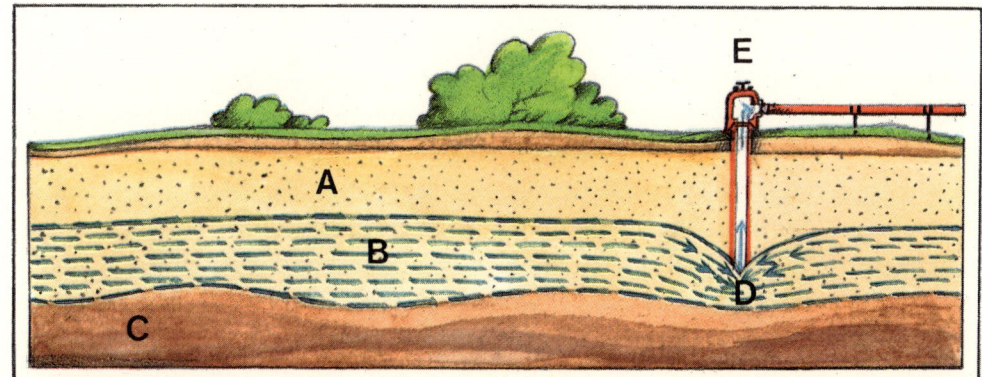

Schema einer Brunnenentwässerung

A Sand
B Grundwasser
C Ton
D Absenkung
  durch
  Brunnen
E Brunnen

15

Was versteht man unter Abraum?

Als Abraum bezeichnet man die Erdschichten und Gebirgsbestandteile, die sich über oder zwischen den Kohleflözen befinden. Den obersten Abraum nennt man auch das Deckgebirge. Es deckt sozusagen das Flöz beziehungsweise die Lagerstätte zu und muß im Tagebau als erstes »abgeräumt« werden, um die Kohle freizulegen.

Zum Abraum zählt ebenso minderwertige Kohle mit Verunreinigungen von Sanden und Kiesen, die wie Abraum behandelt und in den Tagebau, auf der ausgekohlten Seite, verkippt werden.

Für das Deckgebirge oder den Abraum über einem Flöz wird auch häufig der Begriff »Hangendes« verwendet.

eine Kleckerburg, die kurz darauf, wenn das Wasser weggesickert ist, ziemlich fest wird.

Die Entwässerung eines Abbaufeldes ist aufwendig und kompliziert. Die Bergleute, die mit dieser Arbeit beschäftigt sind, werden scherzhaft »Wassermänner« genannt. Lange Zeit war es eine schwere Arbeit, die im Tiefbau, also unter Tage, verrichtet werden mußte.

Viele Gänge, die der Bergmann Stollen nennt, und Schächte wurden in den Berg getrieben. Von diesen Stollen aus steckte man sogenannte Filter in das Hangende. Aus diesen Filtern lief das Wasser heraus, einem Schacht zu, aus dem es abgepumpt wurde. Die Wassermänner wateten bei ihrer Arbeit durch morastigen Untergrund.

Längst müssen sie nicht mehr, ganz und gar in Gummianzüge gehüllt, oft bis zu den Knien im Wasser stehend, ihre Arbeit verrichten. Die Wassermänner von heute sind an das Tageslicht zurückgekehrt.

Von Übertage bohren sie Löcher in die Erde bis einige Meter unter das Flöz. Oder, wie der Bergmann sagt: Sie teufen bis in das Liegende.

Diese Löcher, die bis in das Liegende hinabreichen, werden verrohrt. Die verwendeten Rohre haben ringsum kleine Löcher oder auch Schlitze. Das Wasser aus dem Hangenden, dem Flöz und zu einem Teil auch aus dem Liegenden sickert durch die vielen kleinen Schlitze und sammelt sich in dem Filterbrunnen, wie man das nun verrohrte Bohrloch nennt. Eine Pumpe, die auch unter Wasser arbeiten kann, wird in den Brunnen gehängt. Sie pumpt das sich ständig ansammelnde Wasser ab, das durch Rohre fortgeleitet wird.

Je nachdem, wie tief der künftige Tagebau sein wird, das richtet sich danach, wie tief das Flöz in der Erde liegt, sind solche Brunnen oft einhundert und mehr Meter tief. Dem Deckgebirge, wie man das Hangende noch bezeichnet, und dem Flöz wird dadurch nach und nach ein Teil des Wassers entzogen. Natürlich geht das nicht von heute auf morgen, denn immer neues Wasser fließt nach, das sich viele Kilometer entfernt von den Brunnen, die für die Entwässerung notwendig sind, in den Erdschichten befindet.

Das abgepumpte Wasser wird aber nicht wie früher einfach in einen nahegelegenen Bach oder Fluß geleitet. Dazu ist es zu kostbar geworden. Je nach Qualität wird es verwendet, als Trinkwasser oder in der Industrie als Brauchwasser für technologische Prozesse. In der Landwirtschaft werden damit Felder beregnet. Somit braucht das Wasser für diese Zwecke nicht dem Grundwasser entnommen zu werden, das besonders für die Trinkwasserversorgung der Menschen in Stadt und Land dringend benötigt wird.

Und dann gibt es noch einen Verwendungszweck für das Wasser aus dem künftigen Tagebau. Es wird für die Fischwirtschaft genutzt. Dazu fängt man es in großen Becken oder künstlich angelegten Teichen auf, in denen

16

entweder die Bergleute selbst oder Fischwirtschaftsbetriebe Speisefische mästen. Und wie man hört, bekommt es den Fischen, meist Forellen, nicht schlecht.

Kommen wir noch einmal zur Filterbrunnenentwässerung zurück.

Sind die Brunnen und Pumpen niedergebracht und an ein Rohrleitungsnetz angeschlossen, werden sie von einer zentralen Schaltstation überwacht und nach Bedarf zu- oder abgeschaltet.

Eines Tages ist es dann soweit: Das Wasser ist gewichen, und der Tagebau kann aufgeschlossen werden. Dort, wo der erste Bagger seinen Schnitt ansetzt und die ersten Kubikmeter des Abraums abträgt, entfernt man die Filterbrunnen. An einer anderen Stelle, die der Tagebau vielleicht erst zwei Jahre später erreicht, werden neue Brunnen niedergebracht. Die Entwässerung muß dem Tagebau beziehungsweise dem Abbaufortschritt vorangehen. Und dieser Vorlauf beträgt in der Regel zwei Jahre.

Der Aufschluß ist sozusagen der letzte Arbeitsgang, bevor ein neuer Tagebau seinen Betrieb aufnehmen kann, und überhaupt nicht vergleichbar mit dem Aufbau einer Fabrik, wo eines Tages das Tor geöffnet und mit der Arbeit begonnen wird. Das unterscheidet den Tagebau ganz wesentlich von anderen Betrieben.

Aufschließen ohne Schlüssel

Natürlich gehören zu den Aufschlußarbeiten auch Bauarbeiten. Straßen werden gebaut, um den künftigen Tagebau auf dem Landweg erreichen zu können. Ein Gleisanschluß an das Eisenbahnnetz muß gelegt werden. Denn wie anders sollte die geförderte Kohle sonst zu den Brikettfabriken und zu den anderen Verbrauchern gelangen? Manchmal ist es notwendig, eine am Abbaufeld vorbeiführende Straße oder Eisenbahnstrecke zu verlegen, weil sie dem Abbau im Wege ist. Es ist auch schon vorgekommen, daß der Lauf eines Flusses verändert werden mußte. Dazu wurde ein neues Flußbett gegraben und das alte trockengelegt.

Für die Arbeiter, die an diesen Aufschlußarbeiten beteiligt sind, aber auch für den späteren Tagebaubetrieb selbst, entstehen Büros, Werkstätten, Lagerräume für Werkzeuge und Material, Umkleide- und Waschräume, die der Bergmann die »Kaue« nennt.

Mit das wichtigste ist es, die Elektroenergie, mit der später die vielen Tagebaugeräte angetrieben werden sollen, an das Abbaufeld heranzuführen.

Gleise und Fahrleitungen für die elektrischen Grubenbahnen werden verlegt, aber auch Baggergleise, soweit die Großgeräte mit Gleisfahrwerken ausgerüstet sind.

Schaufelradbagger im Vorschnitt

Und die Bagger selbst?

Wann werden sie hier eintreffen?

Unter den Fachleuten, die im Auftrag ihrer Firmen aus allen Teilen des Landes und manchmal sogar aus dem Ausland kommen, befinden sich auch jene, die auf einem Montageplatz mit vielen Kranen und Winden die Bagger aus einzelnen Teilen zusammenbauen.

Sind all diese Arbeiten erledigt, ist es dann endlich soweit, lange haben die Bergleute auf diesen Tag gewartet: Ein Bagger steht einsam in der Landschaft und macht den ersten Schnitt. Vorsichtig trägt er den Mutterboden ab, der gesondert gelagert wird. Eines Tages wird dieser Boden als letzte Schicht aufgeschüttet, dann nämlich, wenn die Kohle gefördert ist und der ausgekohlte Tagebau allmählich verfüllt wird.

Zunächst haben die Bergleute andere Sorgen. Der Bagger muß eine Baugrube ausheben. Mit der Baugrube für einen Hausbau ist sie nicht zu vergleichen. Es ist eher ein riesiger Graben, in den eine schiefe Ebene hineinführt. Darauf werden bald weitere Bagger in den Aufschlußgraben fahren, um sich der Kohle Stück für Stück entgegenzugraben. Sie legen die Arbeitsebenen

18

an, auf denen sie, einer nach dem anderen, ihren Platz finden, wenn der Tagebau eines Tages seinen Regelbetrieb aufnimmt.

Wie lange dauert so ein Aufschluß?

Das ist von vielen Dingen abhängig. Zum Beispiel, wie tief das Flöz liegt und wie viele Arbeitsebenen notwendig sind, es zu erreichen. Ob es sich um nur *ein* oder *mehrere* übereinanderliegende Flöze handelt, die durch Zwischenschichten oder »Mittel«, wie die Bergleute sagen, getrennt sind.

Mit zwei Jahren muß man aber schon rechnen.

Sind alle Arbeitsebenen geschaffen, die Bagger an ihren vorgesehenen Arbeitsstandorten postiert, kurzum, alle zum Aufschluß notwendigen Arbeiten ausgeführt, kann der Tagebaubetrieb aufgenommen werden.

Aus dem Aufschlußgraben ist ein Tagebau geworden.

Er ist in den Regelbetrieb übergegangen. Manchmal wird er jahrzehntelang den begehrten Bodenschatz Kohle fördern. All das bergmännische Gerät dazu ist vorhanden. Natürlich kann es schon einmal vorkommen, daß durch eine Veränderung der Abbaubedingungen ein weiteres Gerät als geplant benötigt wird. Dann muß ein neuer Bagger im Tagebau montiert werden oder sich, wie zu Beginn unseres Buches berichtet, ein Schaufelradbagger den Weg zu seinem neuen Einsatzort querfeldein über Land bahnen.

Ein Betrieb ohne Dach und Tor

Nachdem wir vieles über die Kohle, deren Entstehung und Entdeckung, aber auch über die Arbeiten erfahren haben, die notwendig sind, einen Tagebau herzurichten, sollten wir uns einen aus der Nähe ansehen. Zum Beispiel die Grube Ferdinande.

Mit dem Namen hat es so seine Bewandtnis. Immer wenn eine Bergwerksanlage in Betrieb genommen wurde, bekam sie auch einen Namen. Oft waren es die Vornamen der Frauen, Töchter oder Söhne derer, denen die Bergwerke gehörten. Es sollte Glück bringen. Vor fünfzig oder sechzig Jahren war die alte Ferdinande noch eine kleine verträumte Kiesgrube. Als die Geologen viele Jahre später, bei Bohrungen unweit der Grube, Kohle entdeckten, stellten sie fest, daß sich das Kohleflöz unter der Ferdinande fortsetzte. Inzwischen ist sie ein großer Tagebau geworden. Den Namen Ferdinande aber hat sie bis auf den heutigen Tag behalten.

Nähert man sich solch einer Bergwerksanlage, ist zunächst, außer dem Dispatcherturm und einigen Gebäuden, nicht viel zu entdecken, das unseren Vorstellungen über einen Tagebau entspricht.

Vom Fuße des Dispatcherturms aus ist der ganze Tagebau zu überblicken. Kleine, mittlere und riesengroße Bagger, Planierraupen, Züge mit schweren

Mittel begleiten die Kohleflöze.
Als Mittel werden Gebirgsschichten bezeichnet, die sich als Sande, Kiese oder Tone zwischen zwei oder mehreren übereinanderliegenden Kohleflözen abgelagert haben.
Im Unterschied dazu ist das Zwischenmittel eine Einlagerung, die sich innerhalb eines Flözes befindet. Zwischenmittel können sich nachhaltig auf die Qualität der Kohle auswirken. Sie werden gesondert abgebaut. Die Bergleute sagen dann: »Das Zwischenmittel wird ausgehalten.«

19

Elektrolokomotiven, nahezu endlose Förderbänder fallen einem als erstes auf. Klirren und Klappern, Kreischen und Quietschen, Geräusche von wohl Hunderten Motoren, Signalhupen und das Geläut der Grubenbahnen erfüllen die Luft, die nach Erde und Kohle riecht.

Der Dispatcherturm ist sozusagen das Hirn eines Tagebaus. Hier laufen alle Informationen über den Produktionsablauf zusammen. Treten Störungen auf, werden hier die Entscheidungen über deren Beseitigung getroffen. Rund um die Uhr, also alle vierundzwanzig Stunden eines Tages, auch an Sonn- und Feiertagen, ist der Dispatcherturm besetzt. Der jeweils diensthabende Dispatcher ist ein Bergbauingenieur und kennt den Tagebau »wie seine Westentasche«.

Vom betriebsamen Lärm des Tagebaus hört er nicht viel. Leises Summen von Meßeinrichtungen, Telefonklingeln und das Rauschen und Knacken einer Sprechanlage sind die Geräusche, die den Dispatcher an seinem Arbeitsplatz umgeben.

»Dispatcher für 6-36, bitte kommen!« ertönt es aus einem Lautsprecher.

»Dispatcher für 6-36, ich höre!« meldet sich der Dispatcher.

Die Bezeichnung 6-36 steht für einen Bagger und wird immer dann verwendet, wenn von ihm die Rede ist. Besonders aber im Sprechfunkverkehr.

Das Gespräch ist beendet. Der Dispatcher telefoniert von einem der acht Telefone aus, die auf seinem Schreibtisch stehen, und gibt die Meldung des Baggers 6-36 weiter, der dringend ein Ersatzteil benötigt. Datum und Uhrzeit der Meldung trägt der Dispatcher in ein Buch ein und wendet sich wieder seiner anderen Arbeit zu. Von Meßeinrichtungen und Bildschirmen liest er Werte ab und überträgt sie in Listen. Auf den Bildschirmen sind Teile des Tagebaus zu sehen, dann wieder Texte und Zahlen.

Das ist also die Stelle, von der aus man die sichersten Informationen über den Tagebaubetrieb bekommt und zudem noch den besten Ausblick hat.

Die Tagebaue unterscheiden sich danach, ob in ihnen nur ein oder mehrere Flöze abgebaut und wie der Abraum und die Kohle aus dem Tagebau transportiert werden.

Geschieht das mit Zügen, Bändern oder Förderbrücken, spricht man von Zug-, Band- oder Brückenbetrieb. Das heißt, wenn nur eine Art dieser Fördermittel eingesetzt wird.

Der Tagebau Ferdinande vereinigt alle drei der genannten Betriebsarten. Auch hat er, im Gegensatz zu manchem anderen, nur *ein* Flöz. An einigen Stellen schließt das Flöz Zwischenmittel ein. Hier ist es ein Ton, der von einer Ziegelei zu Mauersteinen verarbeitet wird.

Über dem Kohleflöz befindet sich das sogenannte Deckgebirge. Der Name sagt es schon: Es deckt die darunter befindlichen Schichten und die Kohle mit dem Zwischenmittel ab.

20

Um die Kohle, um die es in einem Tagebau in erster Linie geht, zu gewinnen, muß zuerst das Deckgebirge oder, wie es im technologischen Ablauf heißt, der Abraum abgetragen werden.

Auf der oberen Arbeitsebene, eine »Strosse«, wie die Bergleute sie nennen, steht ein Schaufelradbagger.

»Strosse« heißt eigentlich nichts anderes als Straße, auf der die Bagger fahren. Sie ist ungefähr drei Kilometer lang.

Der Schaufelradbagger führt den ersten Schnitt bis zur Rasensohle, der obersten Kante des Tagebaus. Der erste Schnitt wird als Vorschnitt bezeichnet, dem die Schnitte der anderen Bagger folgen.

Der im Vorschnitt geförderte Abraum wird mit Zügen aus dem Tagebau hinaus auf die gegenüberliegende und bereits ausgekohlte Seite der Grube, auf die Kippenseite, gebracht. Also im Zugbetrieb.

Auf der zweiten, tiefergelegenen Strosse arbeiten gleich zwei Bagger. Es sind Eimerkettenbagger, von denen einer im Tiefschnitt und der andere im Hochschnitt arbeitet. Die Brücke, die direkt zwischen den Baggern über den Tagebau führt, ist eine Abraumförderbrücke.

Der Abraum, den auf der zweiten Strosse die beiden Eimerkettenbagger abtragen, wird mit Hilfe der Abraumförderbrücke, über den offenen Tagebau hinweg, auf die Kippenseite gefördert, wo er am anderen Ende der Brücke herunterfällt, das heißt verkippt wird.

Der Abraum gelangt also ohne Zwischenhalt von den Grabwerkzeugen der Bagger auf die Kippe und wird nicht wie beim Zugbetrieb durch eine Be- und Entladung unterbrochen.

Der Brückenbetrieb ist eine sehr wirtschaftliche Möglichkeit, Abraum zu befördern, und wird dort, wo es die Abbaubedingungen erlauben, bevorzugt eingesetzt.

Die dritte Strosse befindet sich bereits im Flözbereich. Die vier Bagger, die dort arbeiten, sind zwar etwas kleiner als ihre »Kollegen« im Abraum, unterscheiden sich im Arbeitsprinzip aber nicht von ihnen. Zwei davon sind Schaufelradbagger und tragen den oberen Teil des Flözes ab. Die beiden Eimerkettenbagger gewinnen den Rest und reichen mit ihren Eimerleitern bis an die Talsohle heran, wo es keine Kohle mehr gibt.

Dort ist der Tagebau ausgekohlt. Übrig bleibt das, was liegen bleibt, und es wird auch so genannt: das Liegende.

Die Förderung der Kohle aus dem Tagebau hinaus erfolgt im Bandbetrieb. Über schier endlose Bänder wird sie zu einer zentralen Beladestation transportiert, die sich außerhalb des Tagebaus befindet. Dort wird sie in bereitstehende Güterzüge verladen, mit denen sie ihre Reise in die Brikettfabriken, die Kraftwerke und zu den anderen Verbrauchern antritt.

Weiter hinten, auf der Kippenseite des Tagebaus, steht noch ein sehr großes

Der Untertagebau
Unter dem Begriff Tiefbau, auch Untertagebau genannt, versteht der Bergmann den Abbau von tiefer in der Erde liegenden, nutzbaren Gesteinen wie Mineralien, Erze und Kohle. Dazu werden innerhalb und außerhalb der Lagerstätte sogenannte Grubenbaue angelegt. Grubenbaue sind Schächte, Stollen und Strecken. Die Arbeitsebenen, die wie Etagen übereinander liegen, nennt man die Sohlen.
Der hohe Aufwand für den Ausbau, die Entwässerung und Belüftung, also für alle technologischen Einrichtungen und Sicherheitsmaßnahmen eines Untertagebaues, machen ihn sehr teuer. Auch die Braunkohle wurde noch bis in die Mitte des vorigen Jahrhunderts im Tiefbau gewonnen. Erst nach und nach, mit der Entwicklung neuer Technologien, setzte sich der Tagebau als wirtschaftliche Form der Braunkohlengewinnung durch.

Gerät: ein Absetzer. Er sorgt, ähnlich wie die Abraumförderbrücke, für das Verkippen von Abraum. Er bekommt ihn aber nicht wie die Abraumförderbrücke von den Baggern der zweiten Strosse. Bei diesem Abraum handelt es sich um den, der durch den Schaufelradbagger im Vorschnitt abgetragen wird und im Zugbetrieb zum Absetzer gelangt.

Schaufelrad und »Hosenbein«

Um zu sehen, wie die Großgeräte im einzelnen arbeiten, müssen wir etwas näher an sie herangehen.

Vom Dispatcherturm bis zur ersten Strosse, auf der der Schaufelradbagger steht, wäre es zu Fuß ein recht weiter Weg. Denken wir uns also, einer der Bergleute würde uns mit einem Jeep, vorbei an Büros und Werkstätten, über die Gleisanlagen hinweg fahren und uns auf der Strosse, in der Nähe des Baggerriesen, absetzen.

Wie wir bereits wissen, kann die Strosse, je nach den technologischen Bedingungen, bis zu drei Kilometer lang sein.

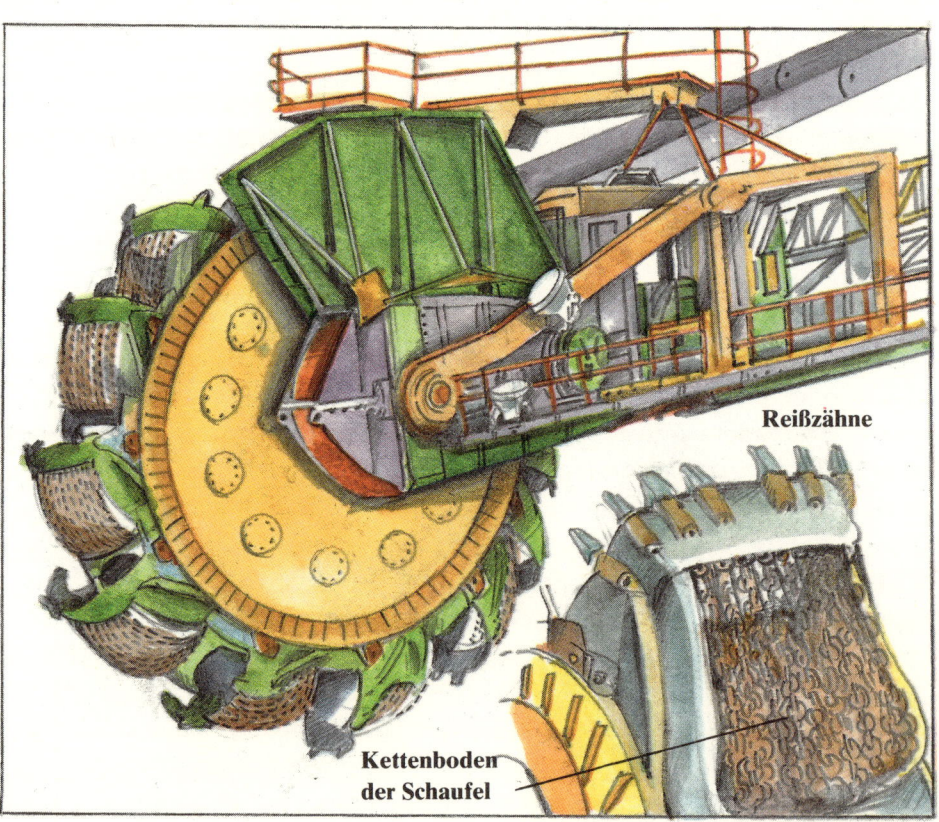

Reißzähne

Kettenboden der Schaufel

Schaufelrad
Der Kettenboden der Schaufel ist beweglich und verhindert das Festbacken des Abraums in der Schaufel.

22

Sieben Stadionrunden etwa müßte man laufen, um diese Strecke zurückzulegen.

Da steht er nun, der Schaufelradbagger. Er ist vom gleichen Typ wie der, der uns auf der Landstraße begegnete.

Langsam schwenkt er seinen Ausleger, an dessen vorderen Ende sich das Grabwerkzeug, das Schaufelrad, dreht. Siebzehn Meter mißt es im Durchmesser und ist ringsum mit zweiundzwanzig Schaufeln ausgerüstet. Diese arbeiten so, wie man auch mit einer einfachen Schaufel hantiert. Also von unten nach oben. Damit sich die Schaufeln gut in den festen Boden graben können, verfügen sie noch über Schneidmesser und Reißzähne aus besonders hartem Stahl.

Ist der Abraum losgebrochen, rutscht er in das Innere des Schaufelrades, den Ringraum. Ein Förderband, das bis an den Ringraum herangeführt ist, nimmt den Abraum auf. Über weitere Förderbänder gelangt er auf die entgegengesetzte Seite des Baggers, zur Beladeeinrichtung. Die Bergleute nennen sie »das Hosenbein«. Tatsächlich – mit etwas Phantasie betrachtet –

Schaufelradbagger mit Beladeeinrichtung, dem »Hosenbein«

zu Abb. Seite 24/25
Darstellung eines Braunkohlentagebaues

23

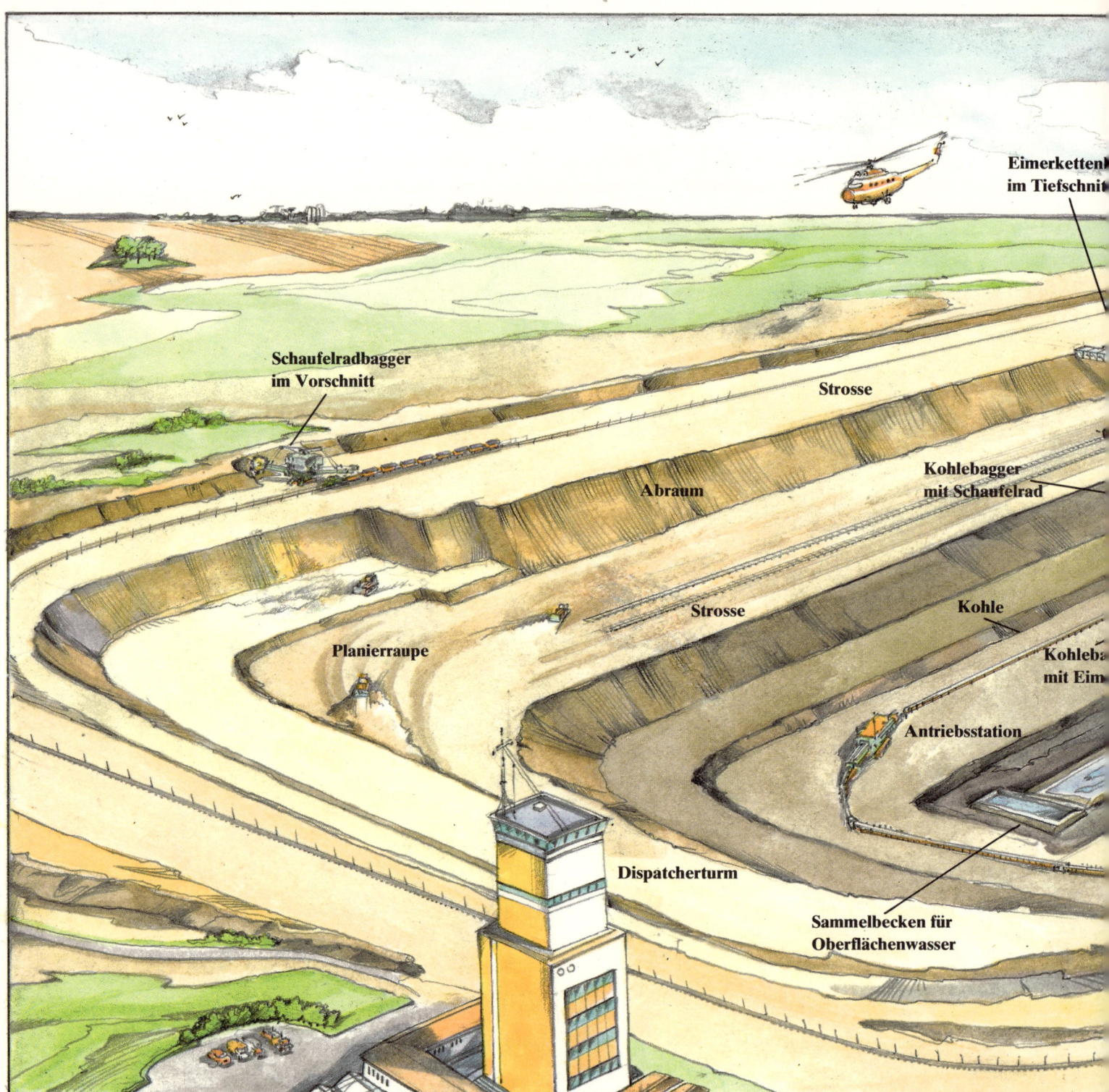

Eimerketten... im Tiefschnitt

Schaufelradbagger im Vorschnitt

Strosse

Abraum

Kohlebagger mit Schaufelrad

Strosse

Kohle

Planierraupe

Kohleba... mit Eim...

Antriebsstation

Dispatcherturm

Sammelbecken für Oberflächenwasser

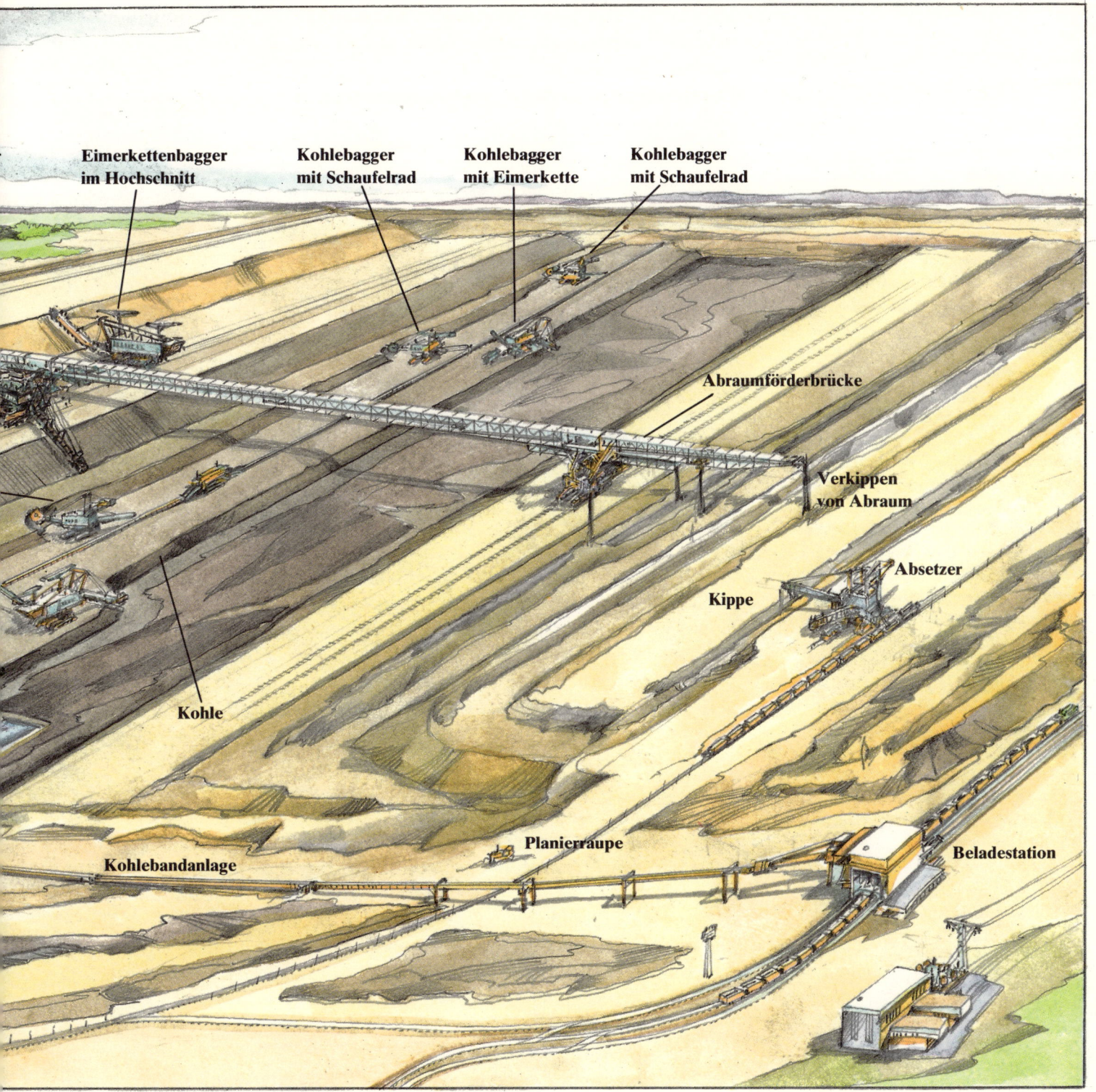

Eimerkettenbagger im Hochschnitt

Kohlebagger mit Schaufelrad

Kohlebagger mit Eimerkette

Kohlebagger mit Schaufelrad

Abraumförderbrücke

Verkippen von Abraum

Absetzer

Kippe

Kohle

Planierraupe

Kohlebandanlage

Beladestation

Das Dreiraupenfahrwerk

Der Schaufelradbagger verfügt über ein Dreiraupenfahrwerk. Jeweils vier Raupen sind in drei Gruppen angeordnet. Diese hohe Raupenzahl ist erforderlich, um das große Gewicht (Dienstgewicht) des Baggers aufnehmen zu können und auf die Standfläche zu verteilen. Immerhin wiegt er mehrere tausend Tonnen.

Warum hat man nicht drei Raupen in vier Gruppen angeordnet? Dreimal vier ergeben ebenfalls zwölf, und schließlich hat ein Auto auch vier Räder.

Ja, aber wir haben es eben nicht mit einem Auto, sondern mit einem Bagger zu tun. Der ist um ein vielfaches schwerer als das schwerste Auto. Und das fährt zudem noch auf elastischen Gummirädern und die meiste Zeit auf der Straße oder vergleichsweise ebenem Boden. Das ist jedoch nicht der einzige Grund. Durch die Grabkräfte, die vom Schaufelrad über den Ausleger auf den Bagger übertragen werden, erhöht sich kurzzeitig und verhältnismäßig ungleich sein Eigengewicht und damit auch der Druck auf den Untergrund, auf dem er steht. Da dieser von unterschiedlicher Beschaffenheit und Festigkeit ist, könnte es sein, daß sich eine Raupengruppe tiefer in den Boden eindrückt. Dem Bagger mit vier Raupengruppen ginge es dann so wie dem vierbeinigen Tisch im Garten, dessen eines Bein sich beim Aufstellen zu tief in den Rasen gedrückt hat: Er kippelt. Ein dreibeiniger Hocker dagegen wackelt nicht einmal, wenn man ihm ein Steinchen unter ein Bein legt.

Das Dreieck ist eine stabile Figur. Das hat man sich bei der Dreipunktabstützung der Bagger zunutze gemacht, indem man die Raupengruppen in Form eines gleichseitigen Dreiecks anordnet. Darüber hinaus gibt es noch eine ganze Reihe anderer technischer Überlegun-

sieht sie wie eine kurze Hose aus. Vermittels dieser Beladeeinrichtung können die Waggons gleichmäßig gefüllt werden, ohne daß sich der Zug wesentlich bewegen müßte.

Das Bewegen eines Zuges, also das kurzzeitige Hin- und Herfahren, wird das »Verholen« genannt.

Neben dem »Hosenbein«, in einer Kanzel, sitzt der Klappenschläger. Er ist für die gesamte Beladung zuständig, mit allem, was dazugehört. Von seinem hohen Standort, oder besser gesagt, Sitzort aus, kann er in die Waggons hineinsehen. Je nachdem, wie es der Füllstand des jeweilig zu beladenden Waggons erfordert, betätigt er die Klappe. Er muß auch darauf achten, daß die Waggons nicht überladen werden oder gar etwas danebenfällt und das Gleis verschüttet. Ist ein Waggon gefüllt, schwenkt der Klappenschläger die Beladeeinrichtung über den nächsten. Erst wenn er durch Schwenken keinen Waggon mehr erreichen kann, wird der Zug über eine Fernsteuerung verholt.

Von Zeit zu Zeit muß der Bagger seinen Standort wechseln, nämlich dann, wenn er die Böschung mit seinem Ausleger nicht mehr erreicht und er somit keinen Abraum mehr abtragen kann.

Nur sehr langsam und recht schwerfällig bewegt er sich auf seinen Raupenfahrwerken vorwärts.

Die Schaufelradbagger sind mit Raupenfahrwerken ausgerüstet. Dadurch sind sie beweglicher als mit Gleisfahrwerken. Da die Raupenfahrwerke wesentlich teurer als Gleisfahrwerke sind, müssen sich die Bergingenieure lange bevor ein Tagebau eingerichtet wird, Gedanken darüber machen, welche Bagger mit welchen Fahrwerken auszustatten sind.

Der Schaufelradbagger im Vorschnitt arbeitet zum Beispiel im Blockverhieb, wie die Bergleute dazu sagen. Er trägt zuerst alles das vom Deckgebirge ab, was er in seinem Schwenkbereich erreichen kann. Erst dann fährt er in eine neue Position und gräbt einen neuen Block ab.

Folgende Eigenbewegungen kann der Schaufelradbagger ausführen: das Heben, Senken und Schwenken des Auslegers, an dem das Schaufelrad befestigt ist; das Ausfahren, also das Verlängern des Auslegers und die Fahrbewegung mittels der Raupen. Dabei arbeitet er stets von einem höchsten zu einem tiefsten Punkt der Böschung. Das ist aus Sicherheitsgründen notwendig und soll verhindern, daß die Böschung ins Rutschen gerät. Es darf bei einer solch großen Abtragshöhe nicht passieren, daß die Massen ins Rutschen kommen und den Bagger beiseite drücken oder verschütten. Der Schaden wäre nicht auszudenken.

Ein einziger Bagger von der Größe des Schaufelradbaggers verfügt über fast tausend Elektromotoren unterschiedlicher Bauart. Die Energiezuleitung erfolgt über armdicke Kabel, und die sind kaum zu übersehen. Je nach-

26

Böschung wird
terrassenförmig
abgetragen

Schaufel
beim
Grabevorgang

dem, welche Bewegungen der Bagger ausführt, ob Vorwärts-, Rückwärts-
oder Kurvenfahrten, wird das Zuleitungskabel auf- oder abgerollt, wobei
die Kabeltrommel ebenfalls von einem Elektromotor bewegt wird.

Betrachtet man die Größe des Baggers, könnte man sich durchaus vorstellen,
daß viel Personal notwendig ist, ihn zu bedienen.

Ist das wirklich so?

Nein, zur ständigen Besatzung eines Schaufelradbaggers gehören drei Bergleute.

Neben dem Schaufelrad, in einer Glaskanzel, sitzt der Baggerfahrer. Nach
Bedarf kann er die Kanzel auf und ab bewegen, damit er das Schaufelrad,
das er beim Baggern genauestens beobachten muß, immer im günstigsten
Blickpunkt hat.

Über die Tätigkeit des Klappenschlägers, der für das ordnungsgemäße Beladen der Waggons zum Abtransport des Abraumes verantwortlich ist,
haben wir schon gelesen.

Der Maschinist ist der dritte im Bunde der Baggerbedienung. Er überwacht
den Lauf der Motoren und den gesamten technischen Zustand des Gerätes.

Schaufelradbagger im Blockverhieb

gen, die für ein Dreiraupenfahrwerk
sprechen. Solche Fahrwerke sind im
Gegensatz zu einem Zweiraupenfahr-
werk, das wir bei einer Planierraupe
vorfinden, leichter lenkbar und weniger
energieaufwendig bei Kurvenfahrten.

Die Energieversorgung des Tagebaus
Um alle Geräte des Bergbaus in Betrieb setzen zu können, ist eine mächtige Energiezuführung notwendig.
Bis zu 30 000 Volt (30 kV) werden in
das Versorgungsnetz des Tagebaues
eingespeist.

27

Elektrolok mit Abraumwagen

Wagen, Gleise, Rückmaschinen

Ein Zug ist unter die Beladeeinrichtung des Schaufelradbaggers gefahren. Hupsignale künden die Beladung an. Polternd rutscht das Fördergut in die Waggons. Wieder Hupen, der Zug bewegt sich ein Stück. Links, rechts, dann wieder links rutscht der Abraum aus dem »Hosenbein«.

Das Hupen dient der Verständigung zwischen dem Klappenschläger und dem Lokfahrer. Es sorgt auch für die Sicherheit aller Bergleute, die sich in der Nähe des Baggers und der Gleisanlagen befinden. Jedes Hupsignal hat seine Bedeutung, über die jeder, der im Tagebau arbeitet, Bescheid weiß.

Ein Zug wird im Tagebau nach Zugeinheiten bemessen, und eine Zugeinheit besteht normalerweise aus fünfzehn Waggons, den Seitenkippern mit jeweils vierzig Kubikmetern Fassungsvermögen. Gezogen oder geschoben wird sie von einer Einhundert-Tonnen-Elektrolok. Die einhundert Tonnen beziehen sich auf das Eigengewicht der Lok.

Wie viele Waggons sie bewegen kann, hängt ganz davon ab, welche Steigung die schiefe Ebene hat, die die Zugeinheit auf ihrer Fahrt aus dem Tagebau hinaus überwinden muß. Je größer der Anstieg, um so kleiner die Zugeinheit.

28

Die Spurbreite, das Maß zwischen linken und rechten Rädern der Lok und der Waggons, beträgt 1435 Millimeter. Also fast 1,5 Meter, und sie entspricht der von Personen- und Güterzügen.

Früher faßten die Waggons oder Feldbahnloren, wie man sie auch nannte, lediglich 0,3 bis 1 Kubikmeter. Nicht nur die Waggons waren viel kleiner. Auch die Spurbreite betrug nur 600 Millimeter.

Der Bedarf an Kohle stieg jedoch im Laufe der Jahre an. Die Tagebaue wurden größer, immer mehr Kohle mußte in kürzester Zeit transportiert werden. Größere Waggons wurden gebaut, stärkere Zugmaschinen entwickelt. Die schmalen Gleise hätten die nun viel schwereren Züge nicht mehr tragen können. So verbreiterte man die Spur zunächst auf 900 Millimeter und dann auf 1435 Millimeter. Die Feldbahnlore ist »erwachsen« geworden. Inzwischen gibt es schon Großraumwagen, von denen ein einziger 100 Kubikmeter aufnehmen kann. Das entspricht also dem Hundertfachen des Fassungsvermögens der Lore von einst.

Begeben wir uns nun auf die andere Seite des Tagebaus, wo der Abraum durch einen Absetzer wieder in den Tagebau verkippt wird. Daß er im Zugbetrieb zum Absetzer gelangt, wissen wir bereits.

Moderner 40-Kubikmeter-Abraumwagen im Vergleich zur 1-Kubikmeter-Feldbahnlore

29

Ist eigentlich Abraum zu gar nichts nütze?

Natürlich kann es bei einer Braunkohlenlagerstätte vorkommen, daß der Abraum aus industriell nutzbaren Kiesen oder Sanden besteht, wie es anfangs bei der Grube Ferdinande der Fall war. Dann allerdings ist der Abraum schon zu etwas nütze. Diese Kiese, Sande und Tone werden gesondert gewonnen und finden in der Baumaterialienindustrie Verwendung.

Berufe im Tagebau

Typische Berufe im Tagebau sind: Maschinisten für Tagebaugeräte – das sind die Bergleute, die die Geräte von der kleinsten Planierraupe bis hin zum Brückenverband warten, pflegen und führen.

Zu den Maschinisten für den Fahrbetrieb zählen die Lokführer und Stellwerker.

Gleisbauer sind für die Erhaltung der Gleisanlagen im Tagebau und im gesamten Fahrbetrieb notwendig.

Und von den Handwerksberufen sind wohl fast alle Gewerke vertreten. Vom Schlosser, Tischler, Zimmermann, Elektriker bis hin zum Koch, der für das leibliche Wohl der Bergleute in den Pausen sorgt.

Ein beladener Zug bewegt sich in langsamer Fahrt auf dieses riesige Fördergerät zu. Auf dem Führerstand steht eine Frau, eine Lokfahrerin. Viele Berufe vereint der Bergbau, auch den des Lokfahrers, der hier eine Frau ist.

Aber was ist mit den Gleisen los? Die liegen ja krumm und schief? Ist das nicht gefährlich?

Nun ja, für schneller fahrende Züge würden sie sich nicht eignen. Aber hier handelt es sich um besondere Gleise. Sie sind verrückbar und können, ohne daß man sie auseinanderbaut, bewegt werden. Das ist im Tagebau notwendig.

Vom Schaufelradbagger, der im Vorschnitt arbeitet, wissen wir, daß er von Zeit zu Zeit seinen Standort wechselt, wenn er sich in den Berg gräbt. Das gilt auch für alle Bagger, die auf den Strossen unter ihm arbeiten. Die Gleise müssen notwendigerweise die gleiche Vorwärtsbewegung ausführen, müssen dem Abbaufortschritt folgen, damit die Züge zur Beladung dicht genug an den Bagger heranfahren können. Wichtig ist, daß die Gleise immer so weit von der Böschung entfernt liegen, daß sie die nachfolgenden Bagger nicht behindern oder gar selbst weggebaggert werden. Denn die Strosse, auf der der Zug den Schaufelradbagger erreicht, wird es in wenigen Wochen gar nicht mehr geben. Sie befindet sich dann etwa einhundert Meter weiter vorn, wo jetzt noch die Abraummassen liegen. Damit man nicht immer neue Gleise verlegen muß, das wäre für den Tagebaubetrieb technisch und ökonomisch nicht denkbar, haben die Techniker und Ingenieure eine besondere Schienenverbindung entwickelt. Sie ist weniger starr als die bei festverlegten Gleisen, die anderswo benutzt werden. Nach dem Rücken können die Schienen schnell wieder befestigt werden. Der Nachteil solcher Gleise ist, daß man auf ihnen höchstens mit einer Geschwindigkeit von achtzehn Kilometern in der Stunde fahren darf. Aber das ist für den Bergbaubetrieb ausreichend.

Wie rückt man solche Gleise?

Sie können von Hand seitwärts weggedrückt werden. Kolonnen von vierzig bis einhundertzwanzig Mann arbeiteten früher in einem Tagebau, die nur damit beschäftigt waren, die Gleise zu rücken und instandzuhalten. Mit langen Rohren aus Stahl gingen sie am Gleis entlang und hebelten es Zentimeter um Zentimeter dem Bagger hinterher. In unserer Zeit wäre das undenkbar.

Diese Arbeit leistet heute eine Gleisrückmaschine. Das erspart den Menschen nicht nur die anstrengende körperliche Arbeit, die Gleisrückmaschine arbeitet auch bedeutend schneller und gleichmäßiger, als es die Menschen vermögen. Auf den ersten Blick unterscheidet sie sich in ihrem Aussehen kaum von einer Elektrolok, die die Kohlezüge zieht.

Wie kann sie aber ein Gleis bewegen, auf dem sie noch selbst fährt?

30

Mit ihren Hub- und Druckrollen ergreift sie eine Schiene an der Krone, hebt sie um einige Zentimeter an, und während der Fahrt wird das Gleis zur Seite gedrückt und etwa vierzig Zentimeter neben seiner alten Lage abgelegt.

Durch das Rücken krümmen sich die Gleise ungleichmäßig und nehmen dabei eine nahezu wellige Form an. Eben deshalb sind sie nur für langsames Fahren tauglich. Schließlich sollen die Züge ja nicht entgleisen. Mit ihren schweren Lasten und bei den Steigungen, die sie bei der Fahrt aus dem Tagebau überwinden müssen, können die Züge ohnehin nicht so schnell fahren. Ansonsten unterliegt der Fahrbetrieb auch in einem Braunkohlentagebau strengen Sicherheitsbestimmungen. Signale, Stellwerke und eine regelmäßige Gleisunterhaltung gehören dazu.

Doch kehren wir zurück zu dem Zug, der sich auf dem Weg zum Absetzer befindet. An einem Signal, es steht auf Rot, mußte er halten. Ein anderer Zug kommt ihm entgegen. Er hat seine Fracht bereits am Absetzer abgekippt.

Wie die Waggons beladen werden, wissen wir bereits, aber wie werden sie ausgeladen? Sie werden gekippt. Durch Druckluft wird ein Stempel betätigt, der die Wagenkästen seitlich anhebt. Dabei wird der Verschlußmechanismus entriegelt. Die an der einen Seite angebrachte Klappe schwingt auf. Das

Gleisrückmaschine im Einsatz

Gleisrückmaschinen
Man unterscheidet zwei Typen von Gleisrückmaschinen: Die Brücken- und die Auslegerrückmaschine. Der Vorteil der Brückenmaschine liegt darin, daß sie vorwärts- und rückwärtsfahrend arbeiten kann. Die Auslegerrückmaschine kann dagegen nur vorwärtsfahrend rücken. Das heißt, wenn sie den Ausleger im Rücken hat.

31

Kabeltrommel

Gleispflug

Eimerkette

Abraumwagen

Schüttgraben

Absetzer beim Ausheben des Grabens

Fördergut, der Abraum, rutscht durch seine eigene Schwerkraft aus dem Wagen heraus, direkt in einen vorbereiteten Graben. Der Zug ist entleert und kann wieder zur Beladung auf die andere Seite des Tagebaus unter den Schaufelradbagger fahren.

Der Absetzer

Der Absetzer verfügt über einen langen Förderbandausleger, über den der Abraum transportiert und verkippt wird. Je nach Bauart erreicht er eine Länge bis zu neunzig Metern, bei Absetzern neuerer Bauart sogar bis zu zweihundert Metern. Mit dem Grabwerkzeug, einer kurzen Eimerkette, hebt er auf der Seite, die dem Tagebau abgewandt ist und von der die Züge heranfahren, einen Graben aus. In diesen verkippt der Zug den Abraum. Nun wird der Graben aufs neue ausgehoben. Über eine Anordnung von Förderbändern gelangt der Abraum zum Ausleger, wo er über die Bandspitze abgeworfen wird.

Die Absetzer können, je nach Bauart, auch aus zwei Teilen bestehen. Der eine mit dem Grabwerkzeug ähnelt einem Bagger, der andere einem fahrbaren Band. Durch einen Zwischenförderer sind sie miteinander verbunden. Beide Geräteteile können wahlweise mit Raupen- oder Gleisfahrwerken ausgestattet sein. Mit Raupenfahrwerken sind sie, wie wir bereits wissen, allerdings beweglicher.

So ist es möglich, den Abraum über eine ziemlich große Fläche gleichmäßig zu verteilen. Das muß auch sehr gewissenhaft erfolgen. Denn ebenso wie die Bagger »wandern«, bewegt sich auch der Absetzer ständig vorwärts. Eines Tages wird er dort stehen, wo heute noch der Förderstrom des Abraums über die Bandspitze in die Tiefe stürzt und es recht zerklüftet aussieht. Von der gleichmäßigen Verteilung des Abraums auf der Kippe hängt die

Planierraupe beim Einebnen des Geländes

Dichte des Untergrundes und die Tragfähigkeit des Bodens ab, auf dem der Absetzer einmal stehen, fahren und arbeiten wird. Immerhin wiegt der Absetzer komplett etwa achttausend Tonnen. Der Absetzer in der Grube Ferdinande legt eine Tiefkippe an. In anderen Tagebauen, mit anderen Technologien, kommt es aber auch vor, daß zwei Absetzer auf einem Planum, einer Ebene, arbeiten. Der zweite würde dann vielleicht eine Hochkippe anlegen.

Ganz gleich, wie gut es eine erfahrene Absetzerbesatzung versteht, für eine gleichmäßige Schüttung auf der Kippe zu sorgen, am Ende sieht es dort dennoch so aus, wie man sich eine Mondlandschaft vorstellt. Aber das Kippengelände muß eben werden, damit sich der Absetzer mit seinen Raupenfahrwerken problemlos darauf bewegen kann. Die Planierraupen sind es, die der Kippe dann sozusagen den letzten Schliff geben. Eigentlich gehören Planierraupen ebenfalls zu den Baggern, es sind sogenannte Flachbagger. Normalerweise sagt das aber keiner. Die Bergleute sprechen einfach von Raupen. Wie wir an anderer Stelle noch sehen werden, sind sie recht vielseitig zu verwenden.

Eine Strosse tiefer

Richten wir nun unsere Aufmerksamkeit auf die Bagger, die eine Etage tiefer, auf der Strosse unter dem Schaufelradbagger, das Deckgebirge abtragen.

Der Weg dorthin ähnelt aber dem Abstieg bei einer Kletterpartie. Und ohne einen ortskundigen Führer und Gummistiefel sollte man es gleich bleiben lassen.

Das erste, was einem auf dieser Strosse ins Auge fällt, sind die Gleise. Lange Schwellen bilden einen übergroßen Gleisrost, auf dem mehrere Schienen angebracht sind. Darauf fahren die Bagger mit ihren Laufrädern, denn sie sind, ebenso wie die Förderbrücke, mit Gleisfahrwerken ausgestattet. Damit sind sie bei weitem nicht so beweglich wie die Bagger auf Raupenfahrwerken, doch das brauchen sie in diesem Falle auch nicht zu sein.

Die Abraumförderbrücke und die Bagger auf der zweiten Strosse arbeiten im Frontverhieb, das heißt, sie fahren während des Baggerns auf der Strosse nur hin und her. Mit einer Geschwindigkeit von acht Metern in der Minute legt der Brückenverband (siehe Seiten 36 u. 37) vierhundertachtzig Meter in einer Stunde zurück. Damit ist er viel langsamer als ein Spaziergänger. Gibt es keine Unterbrechungen, haben die Bagger und die Förderbrücke die Strosse in sechs Stunden einmal abgefahren.

Müssen die Baggergleise nicht auch gerückt werden?

Ja, auch diese Gleise müssen, wie die anderen, dem Abbaufortschritt folgen. Gerückt werden können sie auch mit einer Gleisrückmaschine. In diesem speziellen Falle kann das der Bagger jedoch ganz allein. Die Rückeinrichtungen sind mit den Gleisfahrwerken verbunden. Die Gleise werden während der Baggerfahrt, für den Beobachter kaum merklich, gerückt. Also auf keinen Fall mit Rückmaßen von vierzig Zentimetern, wie sie die Gleisrückmaschine ausführen kann.

Auch die Gleisfahrwerke verfügen wie die Raupenfahrwerke über eine Dreipunktabstützung. In der Dienstmasse stehen diese Geräte den anderen in nichts nach, nur daß sie hier nicht über die Raupen, sondern über die hohe Anzahl der Laufräder und über den Gleisrost auf den Untergrund übertragen wird.

Über eine Eisentreppe kann man den Bagger besteigen. Dazu sollte man schwindelfrei sein. Hoch geht es hinauf, bis zum Maschinenhaus etwa zwanzig Meter. Der ganze Bagger vibriert und erinnert durch nichts an einen Aussichtsturm, außer durch den guten Ausblick selbst, denn den hat man dort oben ganz sicher. Schaut man nach unten, kann man auf die Bänder sehen, die sich mit rasender Geschwindigkeit bewegen und den Abraum mit sich forttragen. Woher und wohin erfahren wir, wenn wir die Stufen der Treppen

Der Baggereimer
Die Eimer haben heute mit ihrem muldenförmigen Aussehen wenig Ähnlichkeit mit einem Eimer, der uns aus dem Haushalt bekannt ist. An den Vorderkanten der Eimer sind auswechselbare Eimermesser aus verschleißfestem Chrom-Mangan-Stahl angebracht. Diese Messer heben, wenn die Eimer über die Böschung geführt werden, einen Span Erdreich ab, ähnlich einem Hobel.

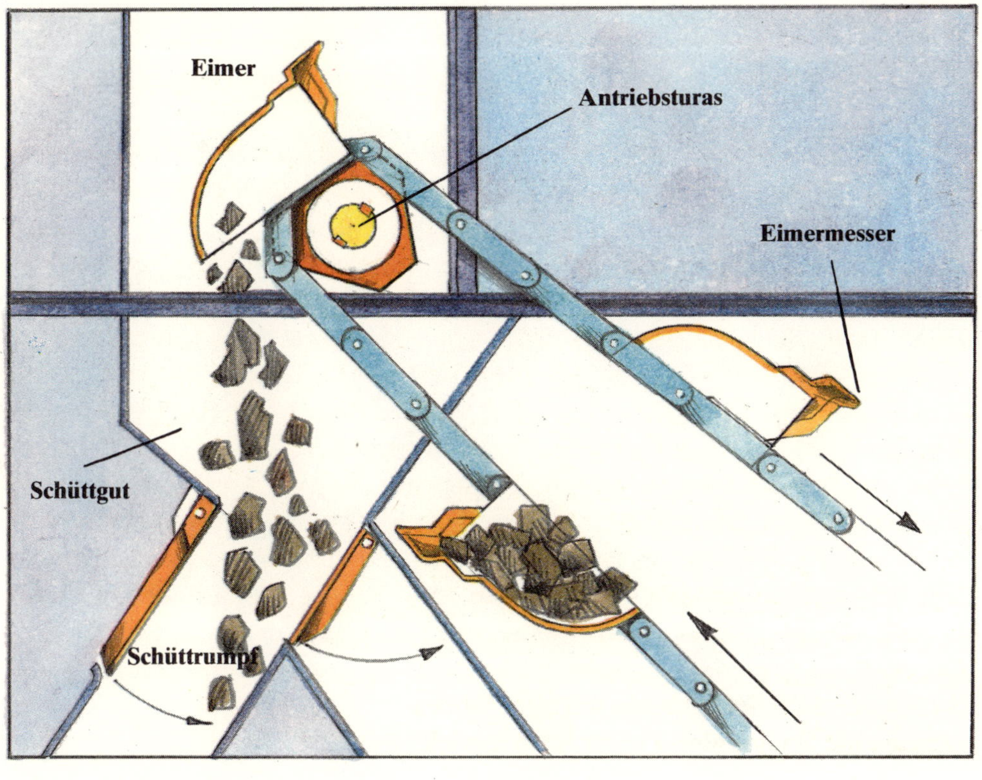

Schema der Eimerentleerung

zu Abb. Seite 36/37
Brückenverband

35

und Sprossen der Leitern erklimmen, die vor einem Raum auf der Abraum-
förderbrücke enden, der ganz dem ähnelt, in dem der Dispatcher seinen
Arbeitsplatz hat. Hier sitzt der Brückenfahrer.
Warum nennt er sich nicht Baggerfahrer?
Die Abraumförderbrücke muß man sich als ein übergroßes Förderband vor-
stellen. Ein eigenes Grabwerkzeug besitzt sie nicht. Deshalb ist sie immer

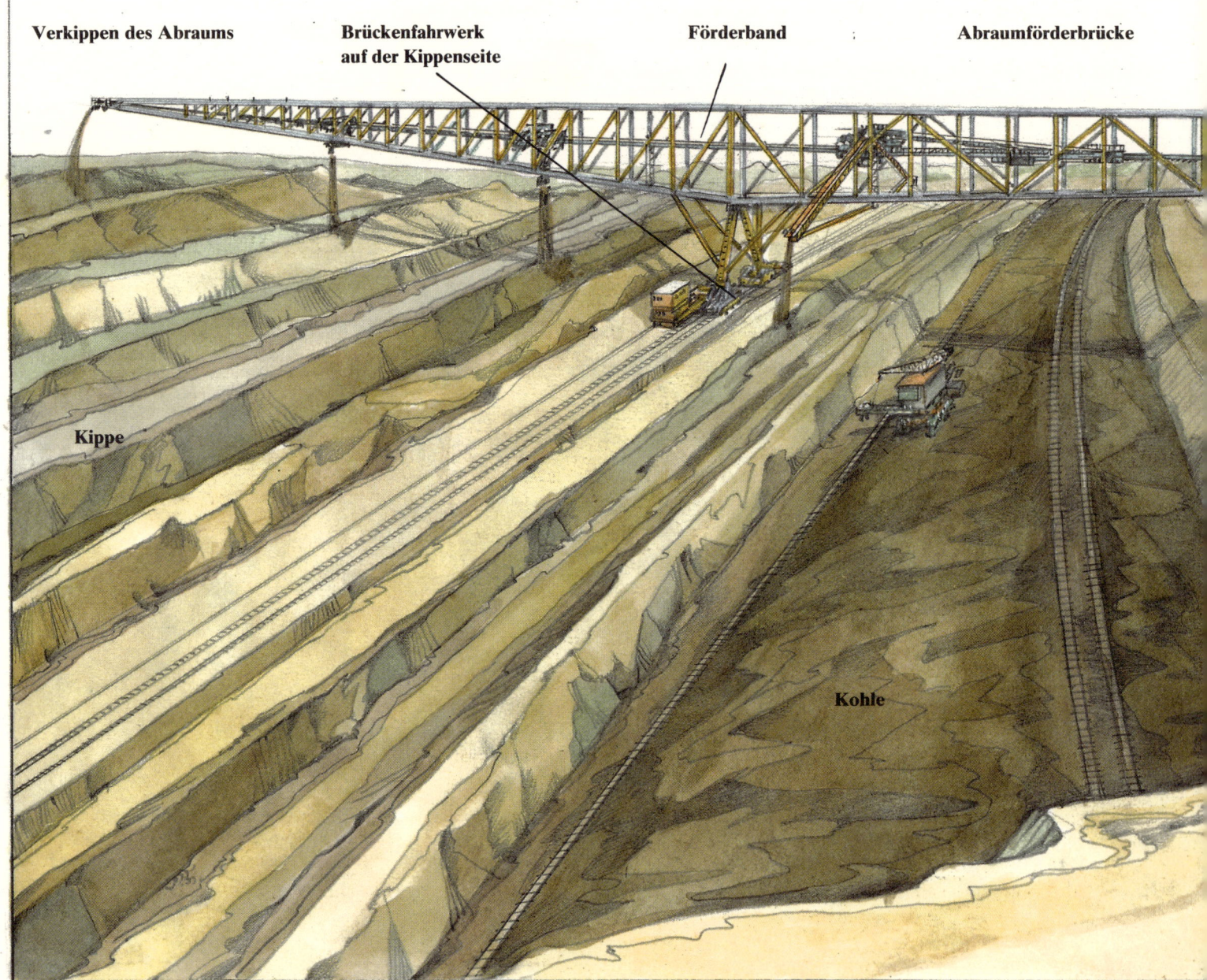

Verkippen des Abraums

Brückenfahrwerk
auf der Kippenseite

Förderband

Abraumförderbrücke

Kippe

Kohle

mit mindestens einem oder, wie hier, mit zwei Baggern verbunden. Dieser gesamte Gerätekomplex wird als Brückenverband bezeichnet.

Die beiden Bagger sind Eimerkettenbagger. Der eine arbeitet im Hochschnitt und erreicht mit seiner Eimerleiter die obere Strosse, auf der der Schaufelradbagger steht. Der andere dagegen arbeitet im Tiefschnitt und

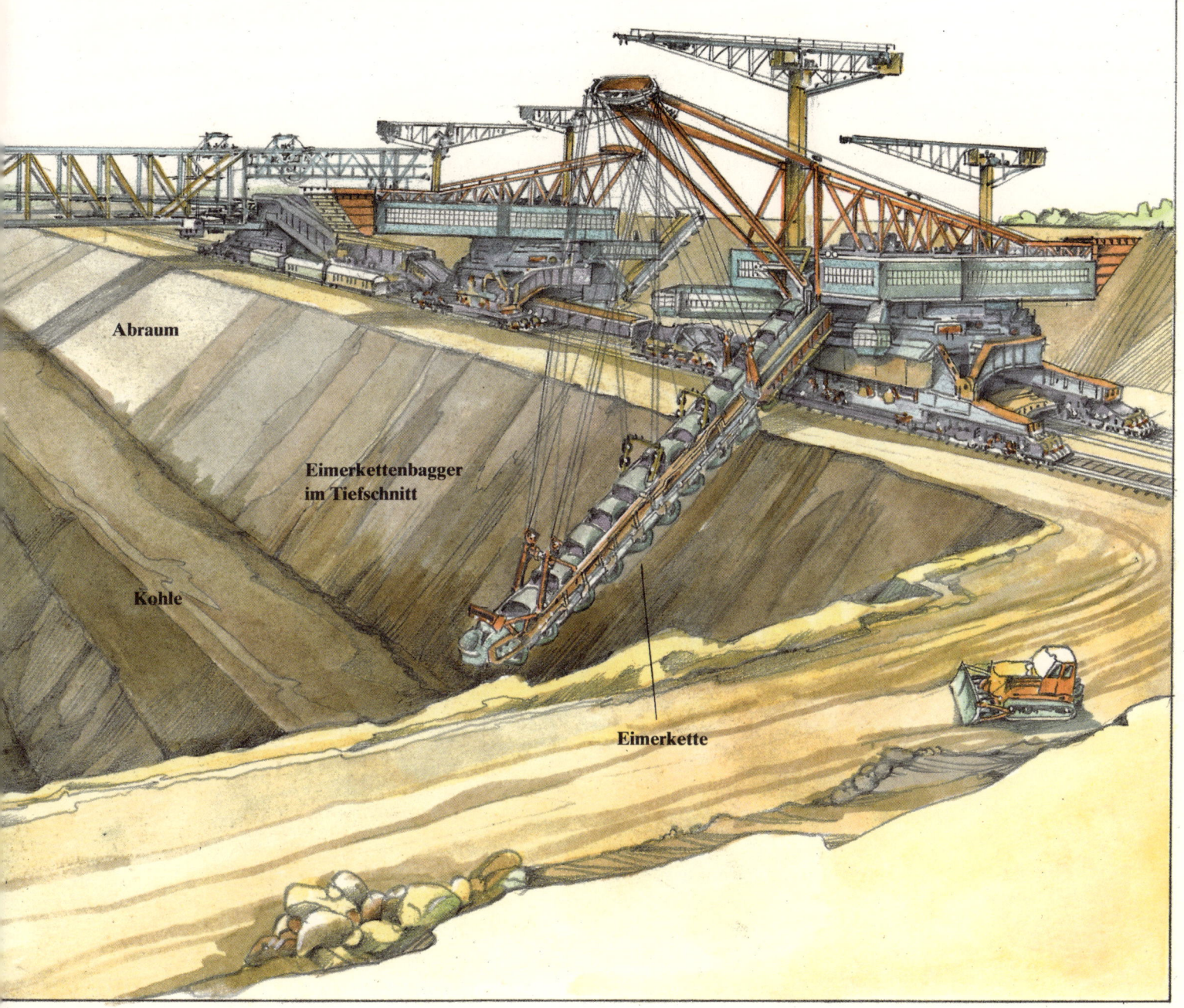

Abraum

Eimerkettenbagger im Tiefschnitt

Kohle

Eimerkette

Wer hat noch mit dem Bagger zu tun?
Einmal in der Woche sind mehr als drei Leute am Bagger beschäftigt. Dann wird das Gerät für eine Durchsicht der elektrischen und mechanischen Anlagen stillgelegt. Reparaturen werden ausgeführt und Verschleißteile gewechselt. An solchen Tagen kann es schon einmal vorkommen, daß sich zwanzig Handwerker der verschiedensten Gewerke »an Bord« befinden. Für den einwandfreien Zustand des Gerätes sorgen jedoch noch viel mehr Leute. Sie arbeiten in den Werkstätten, die sich am Rande der Grube befinden. Dort werden Motoren, Pumpen, Baugruppen von Tagebaugeräten repariert, aber auch neue Teile angefertigt und zum Einbauen vorbereitet. Befindet sich ein Bagger in Betrieb, dann kommt er mit den drei anfangs genannten Arbeitskräften aus.

reicht bis an das Kohleflöz heran. Eimerkettenbagger haben ein anderes Grabwerkzeug als die Schaufelradbagger. Die Schaufeln heißen hier Eimer und sind zu einer Kette zusammengefügt, der Eimerkette. Diese wiederum wird in einer Stahlkonstruktion, der Eimerleiter, geführt.

Sie kann gerade sein, einmal oder mehrfach geknickt, oder über ein Planierstück verfügen. Der Eimerkettenbagger, der im Tiefschnitt arbeitet und die Kohle erreicht, hat ein solches Planierstück. Ebenso wie die Planierraupe, die Ebenheit auf dem Kippengelände schafft (siehe Seiten 33 u. 34), sorgt das Planierstück, am Ende der Eimerleiter, für die Ebenheit (das Planum) auf dem Flöz, direkt während der Baggerfahrt. Neben der Ebenheit auf dem Kohleflöz kommt es noch darauf an, die Kohle von Vermengungen durch den direkt über ihr liegenden Abraum freizuhalten.

Den Antrieb der Eimerkette könnte man sich vorstellen wie den eines Fahrrades. Eben nur kräftiger und gewaltiger. Es heißt beim Bagger auch nicht Zahnkranz und Ritzel, sondern Antriebsturas und Umlenkturas. Der Antriebsturas befindet sich innerhalb des Baggers, sozusagen unter seinem Dach. Große Elektromotoren treiben ihn an. Der Umlenkturas, der Name verrät es bereits, hat die Aufgabe, die Eimerkette an der Spitze der Eimerleiter umzulenken.

Betrachtet man die gewaltigen Abmessungen des Baggers, kann man sich kaum vorstellen, daß er Präzisionsarbeit leisten kann, ja sogar leisten muß. Bei einer Abtraghöhe von maximal achtundzwanzig Metern »hobelt« der Bagger soviel Abraum von der Böschung, daß die Eimer bis kurz vor der Eimerrinne gefüllt sind und einen Berg vor sich her schieben. Die Eimerrinne ist die Stelle, an der die Eimer in den Bagger eingezogen werden. Die Entleerung erfolgt kurz bevor sie sich über dem Antriebsturas befinden. Leer kehren sie zur Spitze der Eimerleiter zurück und heben von neuem eine Schicht Abraum ab.

Der Abraum gelangt durch den Schüttrumpf auf ein Förderband, das zum Hauptband der Förderbrücke führt. Über den Tagebau hinweg wird er direkt auf die Kippenseite befördert und dort über die Bandspitze der Brücke verstürzt. Auf diese, durch die Abraumförderbrücke verstürzten Massen verkippt dann auch der Absetzer den vom Schaufelradbagger im Zugbetrieb herangeschafften Abraum.

Kann der Brückenverband von einem Fahrer allein bedient werden?
Nein, jeder Bagger hat seinen Baggerführer, und auf der Brücke befinden sich zwei Brückenfahrer, der erste auf der Bagger-, der andere auf der Kippenseite. Der erste Brückenfahrer bedient den Leitstand des Verbandes und greift korrigierend ein, wenn ein Gerät die Grenzen seiner Bewegungsfreiheit erreicht hat. Dabei helfen ihm eine Vielzahl von elektromechanischen und elektronischen Einrichtungen und Geräten.

Der Schaufelradbagger kommt, wie wir bereits erfahren haben, mit drei Bergleuten aus.

Wieviel Bergleute sind nun nötig, um den riesigen Brückenverband zu bedienen?

Zur Besatzung eines Verbandes wie diesem in der Grube Ferdinande gehören fünfzehn Bergleute, also bedeutend weniger, als man annehmen könnte. Das sind neben den Baggerführern und Brückenfahrern noch Maschinisten und Bandwärter. Die Bandwärter kontrollieren den ordnungsgemäßen Lauf der Bandtrommeln und beobachten besonders die Übergabestellen zwischen den Bändern.

Fliegende Helfer

An das Klappern, Hupen, Dröhnen und Poltern vor Ort haben sich die Bergleute gewöhnt. So ist es nicht verwunderlich, daß sie dem kleinen Flugzeug, das über dem Tagebau fliegt und einige Schleifen zieht, kaum Beachtung schenken. Es gehört zum Alltag im Tagebau wie all das andere Interessante, das wir uns angesehen haben.

Was hat nun ein Flugzeug mit dem Bergbau zu tun?

Es gehört zu den neueren Arbeitsmitteln der Markscheider. Das sind die Leute, die den Tagebau vermessen und damit ermitteln, wieviel Abraum und wieviel Kohle von den Baggern in einem bestimmten Zeitraum abgebaut wurden. Ja, der Bergbau hat sich gegenüber früher ganz schön verändert. Ungefähr vier Meßtrupps zu je drei Mann waren früher drei bis vier Tage damit beschäftigt, diese Messungen durchzuführen. Vor allem waren ihre Angaben nie so genau, wie man sie sich gerne wünschte. Das lag besonders daran, daß es im Tagebau auf Grund von Witterungs- und Bodenverhältnissen nicht immer möglich war, jeden Winkel des Tagebaus zu erreichen und zu vermessen. Heute genügt ein Tag mit klarer Sicht, an dem vom Flugzeug aus Fotogramme aufgenommen werden, die später ein Computer auswertet. Die Markscheider erhalten dadurch alle Informationen, die sie benötigen. Sie haben sich ihre einst so mühevolle Arbeit, die sie unter allen Witterungsbedingungen ausführen mußten, in die Büros geholt.

Es sei aber gesagt, daß auch die alte Meßmethode noch hin und wieder Anwendung findet.

Auch Hubschrauber kommen gelegentlich in der Grube zum Einsatz. Wenn zum Beispiel eines der großen Schaufelräder oder Teile des Förderbandes der Abraumförderbrücke ausgewechselt werden müssen, leisten sie diese komplizierte Arbeit. Das geht viel schneller und ist billiger, als wenn man Krane einsetzt.

Von Kohlebaggern und Bandwagen

Sehr genau und eingehend haben wir uns mit der Technik befaßt, die im Abraum eingesetzt wird.

Doch was ist mit den Baggern, die die Kohle abbauen?

Wie sehen sie aus?

Sie unterscheiden sich im wesentlichen nicht von den anderen, die wir bereits kennengelernt haben. Der Aufbau und die Arbeitsweise der Schaufelradbagger im Hochschnitt und der beiden Eimerkettenbagger im Tiefschnitt entspricht denen, die wir bereits im Abraum beobachten konnten. Nur sind sie kleiner als diese. Das hängt mit der gegenüber dem Deckgebirge geringeren Mächtigkeit des Flözes zusammen. Noch zu Beginn unseres Jahrhunderts galt für die Erschließung von Braunkohlenlagerstätten der Grundsatz, daß die Deckgebirgsmächtigkeit nicht größer sein dürfte als die Flözmächtigkeit. Kein Tagebau wurde angelegt, wenn die Deckgebirgsmächtigkeit mehr als 30 Meter betrug. Leider müssen wir heute mehr Abraum abtragen, als wir am Ende Kohle gewinnen. Die Lagerstätten, bei denen man die Kohle dicht unter der Erdoberfläche fand, sind meist längst ausgebeutet. Somit ist es nicht verwunderlich, daß die Abraumgeräte infolge von gewachsenen Leistungsanforderungen immer größer wurden.

Wie die Bagger im Abraum, gewinnen die Bagger in der Kohle mit ihren Grabwerkzeugen, dem Schaufelrad und der Eimerkette, das Fördergut. Für den Abtransport der Kohle findet neben der Zugförderung immer mehr eine andere Technologie Anwendung: die Bandförderung.

Die gewonnene Kohle wird auf ein Band gegeben, das sie ohne Mühe aus dem Tagebau fördert. Es kann auch größere Steigungen überwinden als zum Beispiel ein Zug. Darüber hinaus sichert das Band dem Bagger die Möglichkeit einer stetigen Abbauleistung, das heißt, er muß seine Arbeit nicht unterbrechen, wenn mal ein Zug mit Verspätung an der Beladeeinrichtung eintrifft.

Aber was sind das für Geräte, die in der Nähe der Kohlebagger arbeiten?

Auf den ersten Blick sehen sie aus wie Bagger, besitzen aber weder ein Schaufelrad noch eine Eimerkette. Bandwagen sind es. Der Bandwagen steht zwischen Bagger und Bandanlage. Hat sich ein Bagger durch einen raschen Abbaufortschritt zu weit vom Band entfernt, kann er es nicht mehr mit seiner eigenen Beladeeinrichtung erreichen. Da kommt ihm der Bandwagen zu Hilfe. Er überbrückt den zu groß gewordenen Abstand, nimmt auf der einen Seite die Kohle vom Bagger auf und gibt sie am anderen Ende an die Bandanlage weiter. Somit muß das Band nicht allzu oft gerückt werden. Das Verrücken der Bandanlage erfolgt mit einer Raupe, die auch, wie wir gesehen haben, für die Ebenheit auf der Kippe sorgen kann. Stück für Stück

zu Abb. Seite 40
Fliegende Helfer – ein Hubschrauber als Kran bei Reparaturarbeiten an den Großgeräten.

41

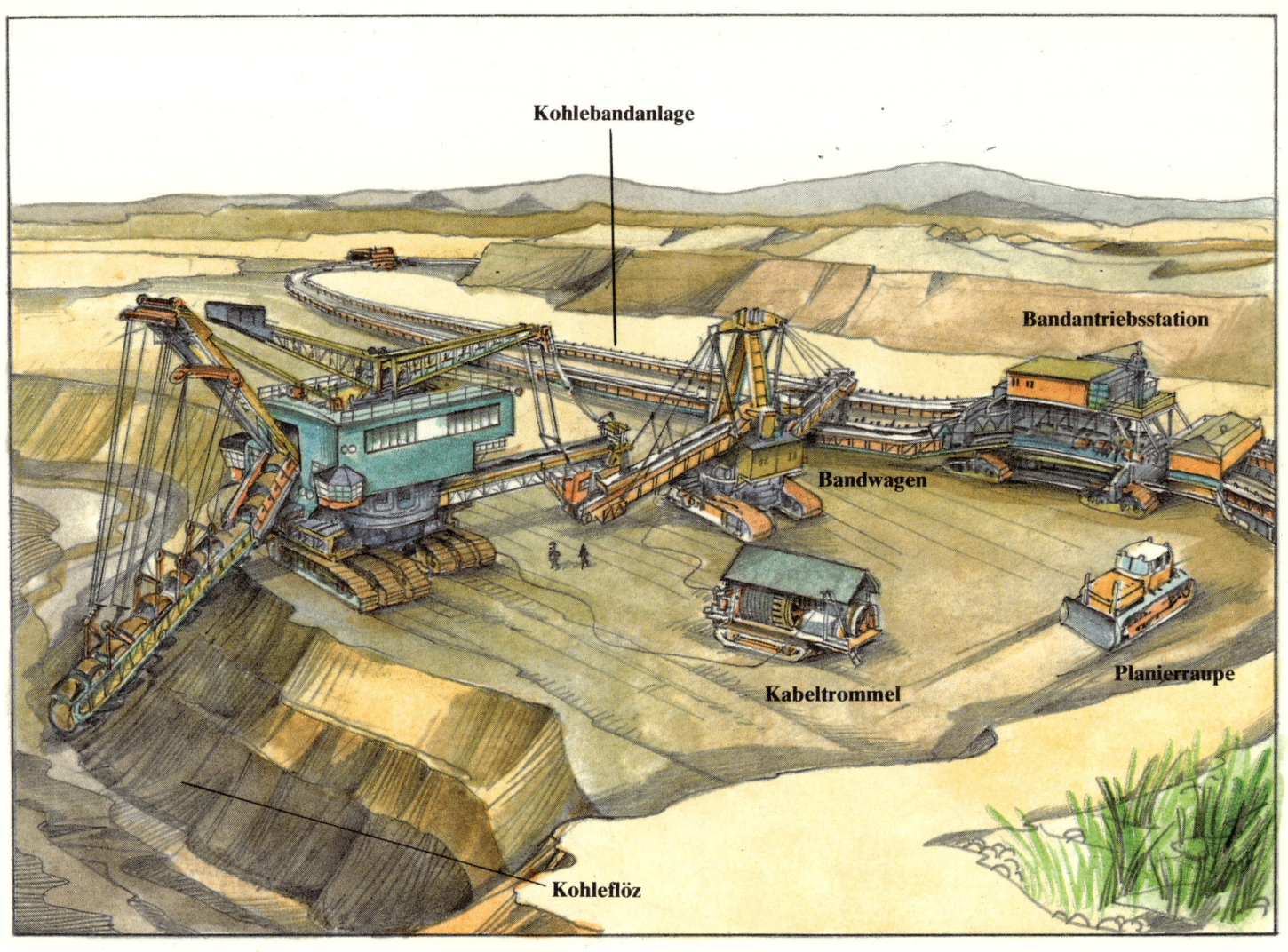

Kohlebandanlage

Bandantriebsstation

Bandwagen

Kabeltrommel

Planierraupe

Kohleflöz

Eimerkettenbagger beim Kohleabbau

zieht sie das Band an einem Stahlseil wieder in die Nähe der Bagger, dem Abbaufortschritt hinterher.

Die Überwachung der Bandförderung hat die Elektronik übernommen. Mit ihrer Hilfe wird die Förderleistung direkt auf dem Band gemessen und werden Störungen, sollten sie einmal auftreten, signalisiert. Der Dispatcher, bei dem das Signal ankommt, veranlaßt dann sofort die Beseitigung der Störung. Haben sich die Augen an das Schwarz des Kohleflözes gewöhnt, dann fallen einem die Gräben auf, die sich wie ein Raster auf dem Flöz befinden. Diese Gräben werden von Grabenfräsen, die zur Hilfstechnik im Tagebau gehören, gezogen. Einige Bergleute sind damit beschäftigt, dicke Schläuche, die aus den Gräben herausragen, mit einer Rohrleitung zu verbinden. Das

42

sind die schon vorgestellten Wassermänner. Sie ziehen die Gräben, in denen sich das aus der Böschung sickernde Wasser (ausblutende Böschung), vor allem aber das Regenwasser, sammeln kann. Durch die Rohrleitungen wird es dann abgeleitet.

Fast am Ende des Tagebaus ist noch ein Bagger zu erkennen, der auf der Kohle steht. Er ist nicht nur kleiner als die Kohlebagger, sondern unterscheidet sich in seiner Arbeitsweise von ihnen. Er gibt sein Fördergut auch nicht auf das Band, obwohl er ganz in dessen Nähe steht. Es ist ein Löffelbagger, der die Aufgabe hat, das Zwischenmittel, das das Flöz begleitet, auszuhalten. An dieser Stelle ist es ein Ton. Die großen Kipper, die er mit seinem Grabwerkzeug, dem Löffel, belädt, bringen den Ton in eine nahegelegene Ziegelei, wo er zu Mauersteinen verarbeitet wird.

Die Kohle geht auf Reisen

Und die Kohle? Welchen Weg nimmt sie, wenn sie das lange Band, das sie aus dem Tagebau fördert, verlassen hat?

Koks aus Braunkohle
Kann man auch Koks aus der Braunkohle herstellen?
Das ist möglich. Zur Verkokung werden auch zunächst Briketts hergestellt. In einer Kokerei wird ihnen, in einem speziellen Verfahren, Gas entzogen, das auch zum Kochen und Heizen dient. Was von den Briketts übrig bleibt, ist dann der hochwertige Brennstoff Koks. Er wird nicht nur im Hausbrand, sondern auch bei der Stahlschmelze verwendet.

Ableitung des Oberflächenwassers aus dem Sammelbecken

43

Löffelbagger

Bevor die Rohbraunkohle ihren Weg zu den Verbrauchern nehmen kann, muß sie verladen werden. Das geschieht auf der Beladestation, die sich am Rande der Grube Ferdinande befindet. Dort endet auch das Band, das im Tagebau mit der Kohle beladen wurde.

Nur mit Mühe kann man den Lauf der vielen Bänder der Beladestation verfolgen, die immer kürzer werden, die Kohle hin und her befördern, bis sie endlich in den Waggons liegt.

Auch hier arbeitet man mit Hupzeichen, die den Anfang und das Ende der Beladung signalisieren.

Endlose Schlangen von Güterwaggons warten darauf, den Bodenschatz Kohle in sich aufzunehmen und ihn an seine Bestimmungsorte zu bringen.

Auf den Ladezetteln an den Waggons kann man lesen, wer die Abnehmer der Kohle sind.

Das Ziel vieler Waggons sind Kraftwerke. Der größte Teil der Kohle wird dort durch Verbrennung in Wärme und Elektroenergie umgewandelt. Ein anderer Teil wird in chemischen Prozessen zu wertvollen Produkten verarbeitet.

Für die Verwendung in der chemischen Industrie oder in den Haushalten, die noch Kohlefeuerung besitzen, muß die Rohbraunkohle erst einmal veredelt werden. Das geschieht in einer Brikettfabrik. Hier wird sie zerkleinert, getrocknet und nach dem Abkühlen unter hohen Drücken zu Formsteinen, den Briketts, gepreßt.

Das Trocknen ist notwendig, um der Rohbraunkohle den natürlichen hohen Wasseranteil zu entziehen. Rohbraunkohle besteht oftmals zu mehr als der Hälfte aus Wasser. Die Briketts haben dann nur noch einen Wassergehalt bis zu einem Fünftel ihrer Masse.

Demzufolge können aus einer Tonne Rohbraunkohle ungefähr eine halbe Tonne Briketts hergestellt werden. Man kann sagen, daß ein Zug, der vierzig Waggons Rohbraunkohle fährt, zwanzig Waggons Wasser transportiert.

Die Beladestation arbeitet ununterbrochen, Waggon um Waggon wird gefüllt.

Ob sie auch einmal anhält?

Von Zeit zu Zeit muß sie ihre Arbeit einstellen, wie die anderen Tagebaugeräte auch. Das geschieht, wenn die Kohlebagger repariert werden, weil dann auch keine Kohle gefördert wird, die zu verladen ist.

Die Beladestation verändert, solange der Tagebau Kohle fördert, ihren Standort nicht, während ja die Gleise gerückt und die Bandanlagen dem Abbaufortschritt hinterhergezogen werden. Sicherlich kommt im Laufe der Jahre das eine oder andere Stück Band hinzu oder auch weitere Übergabestellen. Die Beladestation befindet sich nämlich in dem Bereich des Tagebaus, in dem auch alle anderen Einrichtungen, wie Werkstätten, Sozialeinrichtungen und der Dispatcherturm, während der Zeit des Förderbetriebes des Tagebaus vorhanden und gut erreichbar sein müssen.

Ein Betrieb auf Wanderschaft

Bei der Betrachtung der einzelnen Geräte und deren Arbeitsweise war stets vom Abbaufortschritt die Rede. Für das einzelne Gerät ist das auch deutlich geworden.

Doch was bedeutet das für den Tagebau?

Nichts anderes, als daß er sich als Ganzes ebenfalls stetig bewegt, seinen

Kohle ist ein Grundstoff für die chemische Industrie

Das Erdöl hat heute die Kohle als Grundstoff aus einigen Bereichen der chemischen Industrie verdrängt. Eine Tonne Erdöl ist viel ergiebiger als eine Tonne Braunkohle.

Aber die Kohle bleibt auch weiterhin ein wichtiger Grundstoff für die chemische Industrie. Man glaubt kaum, was man aus der guten alten Kohle machen kann. Wer denkt daran, wenn er Schmierfette und Bohnerwachs, Schuhputzmittel und Kerzen, Seifen und Waschmittel oder auch Arzneimittel nutzt, daß der Grundstoff hierzu Braunkohle ist. Den Endprodukten sieht man ihre Herkunft nicht mehr an.

45

Standort verändert. Die Art seiner Bewegung ist von der Verbreitung des Flözes und von der Wahl des Aufschlußpunktes abhängig. Dabei kann er geradlinig voranschreiten, dann spricht man von einem Parallelbetrieb. Die Grube Ferdinande dagegen arbeitet im Schwenkbetrieb, das heißt, sie bewegt sich mit dem Abbaufortschritt um einen Drehpunkt, und der liegt etwa im Bereich des Dispatcherturms.

Dieses Prinzip kann man sich verdeutlichen, wenn man ein Lineal auf eine ebene Fläche legt. Das kleine Loch an dem einen Ende stellt den Drehpunkt dar. Steckt man dadurch eine Reißzwecke, ist dieses Ende auf einen Punkt festgelegt. Sobald nun das Lineal bewegt wird, sagen wir von rechts nach links, beschreibt es einen Halbkreis. Die linke Seite stellt man sich als Abraumbetrieb und die rechte als die Kippe vor, wo der Absetzer arbeitet.

So vereinfacht, kann man sich den Schwenkbetrieb und damit den Bewegungsverlauf des Tagebaus vorstellen.

Das bedeutet, dort, wo heute der Absetzer steht, hat früher einmal der Schaufelradbagger den Abraum abgetragen.

Heißt das, daß der Tagebau auf seiner »Wanderschaft« eines Tages die Ortschaft erreichen wird, von der man gerade die Kirchturmspitze sehen kann?

Genauso ist es. In einem einzigen Jahr legt der Tagebau eintausendzweihundert bis eintausendfünfhundert Meter zurück, und man kann schon heute sagen, wann der Schaufelradbagger den Ort erreicht haben wird.

Die Menschen, die dort wohnen, werden ein neues Zuhause finden. Sie bekommen eine finanzielle Entschädigung für den Grund und Boden, die Häuser und Stallungen, die sie zurücklassen. Dennoch ist so eine Umsiedlung nicht so einfach für die Bewohner, deren Familien vielleicht über Generationen in dem Ort ansässig waren, und man vermeidet Umsiedlungen, wenn es möglich ist.

In unserem Falle aber ist es unumgänglich. Der Ort steht auf vielen Millionen Tonnen der begehrten Braunkohle. Sie zu bergen, ist die Arbeit der Bergleute, letztlich auch im Interesse der Bewohner dieses Ortes.

Der Bergbau verändert sein Gesicht

Felder, Wiesen und Wälder mußten Platz machen, Straßen und Flüsse ihren Lauf ändern, als die Bergleute mit ihrer Technik begannen, den Boden aufzubrechen, auf der Suche nach den Schätzen unserer Erde das Unterste nach oben zu kehren. Eines Tages wird jedoch da, wo heute noch die Grube Ferdinande steht, nichts mehr an den einstigen Tagebau erinnern.

Dreißig Jahre werden wohl noch vergehen, bis die letzte »Schaufel« Kohle

Der Tagebaudrehpunkt
Arbeitet ein Tagebau im Schwenkbetrieb, ist bei seiner Einrichtung ein Punkt oder Gebiet festgelegt worden, um den herum sich der Abbaubetrieb bewegt. Diesen Punkt oder das Gebiet nennt man den Drehpunkt.
Während des Abbaugeschehens kann er auch verlegt werden, wenn es die Verbreitung des Kohleflözes erfordert. In der Regel wird er jedoch so gewählt, daß er sich während der Jahrzehnte des Tagebaubetriebes an derselben Stelle befindet.

zu Abb. Seite 46
Abbaufortschritt eines Tagebaus

gewonnen, die Grube Ferdinande ausgekohlt ist. Dann werden ausgedehnte Wiesen, junge Kiefernbestände das Gesicht der Landschaft bestimmen, die über Jahrzehnte dem Bergbau gehörte. Ein See wird an heißen Sommertagen zum Bade einladen, Segelboote und Surfer lautlos über das Wasser, fünfzig Meter über dem Standort des letzten Kohlebaggers, gleiten. Und das ist keine Phantasie.

Bereits lange bevor der Tagebau aufgeschlossen wurde, hatten Land- und Forstwirte, Bergingenieure und Landschaftsgestalter eine klare Vorstellung darüber, wie einmal die Landschaft aussehen soll, wenn sie der Bergbau verlassen hat. Die Landschaft muß rekultiviert, das heißt, sie muß wieder bepflanzt werden.

Nun kann der Bergbau nicht einfach vierzig, sechzig oder sogar hundert

Aus einem ehemaligen Tagebau ist ein Naherholungsgebiet geworden.

48

Jahre die Kohle abbauen und erst dann damit beginnen, das Bergbaugelände für eine forst- oder landwirtschaftliche Nutzung herzurichten. Diese Arbeiten werden bereits in Angriff genommen, während der Tagebau noch in Betrieb ist. Mit dem Fortschreiten des Abbaus hinterläßt die Grube Ferdinande in einem Jahr etwa dreihundert bis vierhundert Hektar Kippengelände. Man mag kaum glauben, daß darauf jemals wieder etwas wachsen könnte. Der Bergbau ist jedoch für die Wiederurbarmachung verantwortlich. Land- und Forstwirtschaft müssen einen Boden vorfinden, den man bepflanzen kann. Nachdem das Kippengelände eingeebnet ist, wird eine Mutterbodenschicht aufgetragen. Sie besteht teilweise aus der Muttererde, die abgetragen wurde, und anderen daruntergemischten, nährstoffreichen Böden.

Das ist leichter gesagt als getan. Durch die Entwässerung des Abbaufeldes ist das Grundwasser so weit abgesunken, daß es von den Wurzeln der Pflanzen nicht erreicht werden kann. Und doch gibt es Kulturen, die unter solchen schlechten Bedingungen gedeihen. Zum Beispiel Luzerne. Sie ist eine Futterpflanze, die durch ihren starken Wurzeltrieb, der nach der Ernte im Boden verbleibt, Humus bildet. Dadurch kann in den oberen Bodenschichten Regenwasser gespeichert werden. Ähnliches geschieht, wenn man Kiefern anpflanzt. Die Forst- und Landwirte haben da schon ihre Erfahrungen.

Aber der See, wo kommt der denn her?

Das ist einfach erklärt. Von dem, was die Bagger abtragen, wird ja nur der Abraum wieder in den ausgekohlten Tagebau verkippt. Um ihn gänzlich aufzufüllen, fehlen die Massen, die man als das nutzbare Gestein abgebaut hat: die Kohle, der Kies und der Ton. Genau um so viel kann man den Tagebau nicht verfüllen. Es bleibt ein Restloch zurück, das sich langsam mit Wasser füllt. Einige Tagebaurestlöcher dienen der Fischaufzucht. Hier mästet man Spiegelkarpfen oder die begehrten Regenbogenforellen.

Das Restloch der Grube Ferdinande soll eines Tages ganz den Erholungssuchenden und den Wassersportlern gehören. Der See kann sich aber erst dann bilden, wenn nach Einstellen des Förderbetriebes die Pumpstationen abgeschaltet werden, die das nachströmende Grundwasser vom Tagebau ferngehalten haben. Das Grundwasser kehrt nach und nach zurück. Es durchfließt zuerst die tieferliegenden Bodenschichten und sammelt sich im Restloch. Immer höher steigt das Grundwasser, dringt in die oberen Bodenschichten ein und vereinigt sich mit den Wasserspeichern, die sich seit der Erstbepflanzung durch Kiefern und Luzernen gebildet haben. Damit sind die Voraussetzungen für eine vielfältige Land- und Forstwirtschaft gegeben. Zurück bleibt eine Nutzfläche, auf der, so sagen es die Fachleute, eines Tages sogar wieder Getreide wachsen kann.

ISBN 3-358-01140-2

1. Auflage 1988
© DER KINDERBUCHVERLAG BERLIN – DDR 1988
Lizenz-Nr. 304-270/125/88
Gesamtherstellung: Grafischer Großbetrieb Sachsendruck Plauen
LSV 7821
Für Leser von 10 Jahren an
Bestell-Nr. 632 503 8
01280

Der Absetzer

Förderband für Abraum

Bandausleger